国家级一流本科专业
建设成果教材

化学生物学
综合实验

Comprehensive Experiments in
Chemical Biology

颜晓梅　吴丽娜　主编

U0398208

化学工业出版社

·北京·

内容简介

《化学生物学综合实验》包含了当今化学生物学研究前沿的常用实验技术。全书精选了 7 个专题实验，涵盖核酸和蛋白质的合成、小分子调控、相互作用研究、生物活性分析、活体标记和荧光成像技术等内容，并详细介绍了开展化学生物学研究所需的背景知识以及实验技术。

《化学生物学综合实验》适合作为高年级本科生、研究生及化学生物学相关领域研究人员的教学用书或参考书，旨在满足国内高水平大学的教育需求，以期能够为我国化学生物学青年人才的培养提供实验课使用的教学手册，从而更好地迎接科技领域的挑战。

图书在版编目（CIP）数据

化学生物学综合实验 / 颜晓梅，吴丽娜主编. —北京：化学工业出版社，2024.1
国家级一流本科专业建设成果教材
ISBN 978-7-122-44986-3

I. ①化… II. ①颜… ②吴… III. ①生物化学-实验-高等学校-教材 IV. ①Q5-33

中国国家版本馆 CIP 数据核字（2024）第 018446 号

责任编辑：褚红喜　宋林青　　　文字编辑：王聪聪　陈小滔
责任校对：李　爽　　　　　　　装帧设计：刘丽华

出版发行：化学工业出版社
　　　　　（北京市东城区青年湖南街 13 号　邮政编码 100011）
印　　装：大厂聚鑫印刷有限责任公司
787mm×1092mm　1/16　印张 8½　彩插 4　字数 158 千字
2024 年 1 月北京第 1 版第 1 次印刷

购书咨询：010-64518888　　　售后服务：010-64518899
网　　址：http://www.cip.com.cn
凡购买本书，如有缺损质量问题，本社销售中心负责调换。

定　　价：32.00 元　　　　　　　版权所有　违者必究

《化学生物学综合实验》
编写组

主　编：颜晓梅　吴丽娜

其他参编人员：

林泓域　杨朝勇　韩守法

刘　艳　朱　志　高锦豪

杨　柳　陈玉清　洪歆怡

前　言

　　加强学科交叉是基础研究发展的重要趋势和方向，促进跨界和学科交叉融合是各国对未来发展方向的共识。化学生物学，作为化学与生命科学高度交叉的前沿学科，是服务"健康中国"国家战略的重要学科，涉及化学、生物化学、细胞生物学、分子生物学和医学等多个领域。化学生物学的起源可以追溯到化学和生物学作为独立学科崭露头角的时期，但直到20世纪90年代后期才逐渐发展成为一个独立的跨学科领域，并在全球范围内蓬勃发展。化学生物学的定义为"化学生物学是一门利用外源的化学物质、化学方法或途径，在分子层面上对生命体系进行精准和动态修饰、调控和阐释的科学"。一方面，化学家发展了更多的反应、方法、试剂适合于生物复杂体系的研究，这在2022年诺贝尔化学奖颁发给了三位"开发点击化学和生物正交化学"的化学生物学家中得到了充分的体现；另一方面，化学家也将生物学研究方法与技术融入化学研究中。化学生物学将化学家和生物学家（在分子和原子尺度上工作）汇聚在一起，联合围绕更深入地理解基本生物学过程开展研究，寻找新的药物靶标和治疗模式，以及更好地确定生物标志物和诊断策略。近十年来，科学技术的迅速发展不断拓宽了化学生物学领域的研究范围，推动了生物学方面的重大发现。

　　为了顺应化学与生命科学日益交叉融合的发展趋势，培养具备坚实化学基础和较好生物学基础的交叉型人才，厦门大学化学化工学院于2003年率先在全国重点高校增设化学生物学本科招生专业。作为一门注重实验技术的学科，化学生物学实验教学在专业人才培养中发挥着重要作用。自2006—2007学年起，厦门大学化学化工学院就为首届化学生物学专业的本科生开设了化学生物学综合实验课程，为学生提供实际操作的机会。随着化学生物学专业在国内各高校相继开设，厦门大学化学生物学教研室的老师们结合自己的教学、科研经历，通过合作和共同努力，集体设计并编写了这本《化学生物学综合实验》教科书。

　　本书包含了7个专题，精选了13个化学生物学实验，主要涉及核酸的化学合成及其性质探究，新型溶酶体荧光探针的设计、合成与评估，绿色荧光蛋白的克隆表达和表征，非经典氨基酸的定点修饰与标记，蛋白质的非定点荧光标记，细胞生物正交代谢氟标记，功能小分子与底物蛋白质的非共价相互作用研究等。专题一~三和专题七包含了多个相对独立又前后关联、层层递进的实验，专题四~六则为相对独立的实验。这种不同专题形式的编排有助于学生更好地理解和巩固跨学科知识，培养综合运用学科知识、技术与方法的能力，促使其具备独立发现、分析和解决问题的综合实践能力。

本书由颜晓梅和吴丽娜共同组织编写，并负责全书的统稿工作，林泓域、杨朝勇、韩守法、刘艳、朱志、高锦豪和杨柳共同参与了本书的编写工作。实验内容主要来源于与编者研究方向密切相关的经典化学生物学实验技术或前沿研究成果，经过精心调研和改编，满足教育部提倡的高阶性、创新性和挑战度的"两性一度"要求，确保教学与科研密切联动，为学生提供优质的教育资源。本书附录中对部分实验试剂提供的危险化学品安全技术说明书（MSDS）或国际化学品安全卡（ICSC）和常用溶剂配制等资料由陈玉清和洪歆怡完成。

本书是厦门大学全面贯彻党的二十大精神"加强教材建设和管理"新要求，落实教育部开展一流本科课程建设，树立课程建设新理念，推进课程改革创新的成果。化学生物学综合实验课程的探索与教材的出版得到了厦门大学首批"十四五"精品教材建设项目立项和 2024 年厦门大学本科教材建设立项的资助，对此表示诚挚的感谢。我们相信，这本教材将成为化学生物学实验教学的重要工具，帮助学生更好地理解和应用化学生物学的原理和技术，也将为他们未来的科学研究和职业生涯奠定坚实的基础。限于编者水平，书中难免存在不足，请各位读者批评指正。

编者

2024 年 1 月

目 录

专题一 核酸的化学合成及其性质探究 ……………………………………… 1

    实验 1-1 DNA 的化学合成及 DNA 解链温度的测定 ……………… 3

    实验 1-2 核酸适体对凝血酶活性的抑制实验 …………………… 10

    实验 1-3 G-四链体对 hemin 催化活性的促进实验 …………… 14

专题二 新型溶酶体荧光探针的设计、合成与评估 ………………… 18

    实验 2-1 dRB-EDA 探针的合成及荧光性能评估 ……………… 20

    实验 2-2 dRB-EDA 探针的细胞溶酶体成像性能评估 ………… 24

    附 1：细胞实验基本操作 ………………………………………… 28

专题三 绿色荧光蛋白的克隆表达和表征 …………………………… 29

    实验 3-1 质粒载体 DNA 的制备与检测 ………………………… 34

    实验 3-2 PCR 技术扩增目的基因 ……………………………… 42

    实验 3-3 外源基因的转化与表达 ……………………………… 48

    附 2：软件资源 …………………………………………………… 58

    附 3：微生物实验基本操作 ……………………………………… 59

专题四 非经典氨基酸的定点修饰与标记 …………………………… 61

    实验 4-1 非经典氨基酸 Alkyne-UAA 的定点修饰与点击反应标记 … 66

专题五 蛋白质的非定点荧光标记 …………………………………… 73

    实验 5-1 利用 FITC 对蛋白质进行非定点荧光标记 …………… 82

专题六 细胞生物正交代谢氟标记 …………………………………… 87

    实验 6-1 肿瘤细胞的特异性氟标记 …………………………… 92

专题七 功能小分子与底物蛋白质的非共价相互作用研究 ………… 98

    实验 7-1 电喷雾质谱研究磷酰基对丙氨酸与溶菌酶分子间

            相互作用的影响 ………………………………………… 103

    实验 7-2 肌红蛋白的电喷雾质谱研究 ………………………… 106

附录·· 110

    附录 1 常用仪器设备使用规程·· 110

    附录 2 主要试剂的配制··· 115

    附录 3 实验室用水·· 119

    附录 4 常见的市售酸碱的浓度·· 121

    附录 5 普通使用的抗生素溶液·· 122

    附录 6 实验室安全·· 123

专题一
核酸的化学合成及其性质探究

1953 年，注定是不平凡的一年，人类阐明了遗传物质的构成和传递途径，开启了分子生物学时代。詹姆斯·沃森（James Watson）、弗朗西斯·克里克（Francis Crick）发表了那篇名留青史的论文 "Molecular Structure of Nucleic Acids: A Structure for Deoxyribose Nucleic Acid"。自此，困扰几代人的 DNA 结构之谜得以破解，分子生物学时代正式开启。脱氧核糖核酸（deoxyribonucleic acid，DNA）是一种由脱氧核糖核苷酸组成的生物大分子，通常含有腺嘌呤（A）、鸟嘌呤（G）、胞嘧啶（C）及胸腺嘧啶（T）四种天然碱基。两个脱氧核糖之间通过磷酸二酯键相连，形成长链的单链 DNA（single strand DNA，ssDNA）。两条 ssDNA 可以通过多个匹配的碱基（G-C 和 A-T）进行杂交形成双链 DNA（double strand DNA，dsDNA）。dsDNA 在空间上主要是以双螺旋结构存在（如图 1-1）。

DNA 存在于大多数生物细胞中，主要集中在细胞核内，是构成染色体的主要成分。DNA 不仅是生物遗传的物质基础，与有机体的结构、生理功能及行为习性的遗传有着极其密切的关系，而且可以引导生物发育和生命机能运作，其中包含的信息是构建细胞内其他化合物（如蛋白质与核糖核酸）所需的，被誉为"生命的蓝图"。在细胞内，DNA 能组织成染色体结构，整组染色体则统称为基因组。染色体在细胞分裂之前会先行复制，此过程称为 DNA 复制。对于真核生物而言，如动物、植物及真菌，染色体存在于细胞核内；对于原核生物而言，如细菌，染色体则是存在于细胞质中的拟核里。染色体上的染色质蛋白，如组蛋白，能够将 DNA 组织并压缩，以帮助 DNA 与其他蛋白质进行交互作用，进而调节基因的转录。

除了在自然界中的这些重要功能以外，DNA 也被科学家们作为一种工具分子，在生物学研究领域的应用极为广泛，并且已经延伸到物理、化学、医学等交叉学科领域中。最常见的应用是作为分子生物学中的引物或探针，成为聚合酶链式反应（polymerase chain reaction, PCR）的基础组分之一。相对于其他生物分子和聚合物而言，DNA 具有编码、自组装、生物识别和催化等功能特性。利用这些功能，近年来发展了

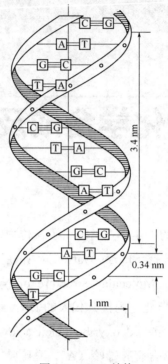

图 1-1 DNA 结构

核酸编码文库、DNA 纳米技术、功能核酸、DNA 分子探针等新的概念和研究领域。因此，合成各种长度及不同序列组成的 DNA 对这些研究是非常重要的。

在 DNA 合成取得日新月异的进步，实现一个个标志性突破的背后，是不断创新、不断迭代升级的 DNA 合成技术。DNA 合成技术众多，分类方式也各不相同，如有从技术原理角度分类的，有按照时间轴分类的，等等。总体来讲，主流的 DNA 合成技术可以粗略地分为四代。初代 DNA 合成采用亚磷酰胺三酯合成法，也就是将 DNA 固定在固相载体上完成 DNA 链的合成。第二代 DNA 合成技术是基于芯片的合成法，包括喷墨法、光化学法及电化学法。第三代 DNA 合成技术是超高通量合成技术，也就是半导体结合电化学法。目前最新一代 DNA 合成技术是酶促合成技术，主要包括微阵列法、酵母体内 DNA 合成法、连接介导 DNA 合成法。

综合延伸问题：

1. 请用具体实例说明 DNA 除作为遗传物质外的任一功能。
2. 请列举几例近年来功能 DNA 的应用研究。

实验 1-1

DNA 的化学合成及 DNA 解链温度的测定

DNA 的化学合成

DNA 的化学合成研究始于 20 世纪 40 年代末。自阐明核酸是由许多核苷酸通过 3′→5′磷酸二酯键连接成的大分子以后，化学家们便立即开始尝试核酸的人工合成。

1955 年，英国剑桥大学 Todd 实验室在经过十年努力后，首次合成了具有天然 DNA 3′→5′磷酸二酯键结构的 TpT 和 pTpT，从而拉开了人工合成核酸的序幕，并获得了 1957 年诺贝尔化学奖。此后，哥伦比亚大学的印度籍美国科学家科兰纳（Khorana）等对基因的人工合成做出了划时代意义的贡献，不仅创建了基因合成的磷酸二酯法，而且发展了一系列核苷酸上活性基团（如糖基上的羟基、碱基上的氨基和磷酸基等）的保护基团，以及合成产物的分离、纯化方法。DNA 化学合成已经在生物化学和分子生物学的研究中发挥了极其重要的作用。到目前为止，使用的 DNA 合成方法有磷酸三酯法、亚磷酸酯法及亚磷酸酰胺法。此后又发展了固相化技术，实现了 DNA 合成的自动化。其中固相亚磷酸酰胺法是目前绝大部分 DNA 自动合成仪所使用的方法。

DNA 的杂交

通过 DNA 的杂交过程，两条单链可以序列选择性地结合在一起，形成具有双螺旋结构的双链。

这个过程是可逆的，可以看作杂交/解链或复性/变性的过程（图 1-2）。这种双链分子对于热变性的稳定程度取决于如下因素。

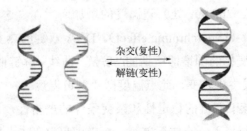

杂交（复性）
解链（变性）

图 1-2　DNA 杂交与解链示意图（见彩插）

(1) 碱基数目

Watson-Crick 碱基对的稳定性是不同的。GC 碱基对之间通过三个氢键连接，而 AT 碱基对之间只有两个。因此在氯仿中，AT 碱基对的结合常数为 100 mol/L，而 GC 碱基对的结合常数可达到 $10^4 \sim 10^5$ mol/L。也就是说，GC 碱基对的数量越多，双链越稳定。

(2) 碱基序列

具有相同碱基数目的双链，其稳定性也可能因序列不同而有所差异。重要影响因素不仅有 GC 碱基对的数量还有其位置。较短双链的解离通常从两端起始，因此在两端引入 GC 碱基对较之向中间部位引入，可以更有效地阻止双链解离。碱基的序列对于双链的稳定性也很重要，疏水性碱基的空间堆积方式在很大程度上起决定作用。

(3) 双链长度

双链的长度越长，碱基之间通过氢键和空间堆积方式形成的相互作用力越强，双链越稳定（每个氢键 3~6 kcal/mol，1 cal=4.1868 J）。

(4) 阳离子浓度

核酸属于多聚阴离子，要形成双链，两条链必须相互靠近。因此，库仑斥力会阻碍杂交的进行。而阳离子能够平衡磷酸二酯骨架所带的负电荷，因此双链在高盐环境中稳定性增加。

(5) 温度

双链在高温下发生解离。使双链解离 50% 的温度称为解链温度（T_m）。T_m 值是双链热稳定性的标识。显然，影响 T_m 大小的因素有 DNA 的序列组成、DNA 链的长度、盐浓度以及是否有变性剂的存在。此外，阳离子的种类、DNA 链上引入的修饰、溶剂化作用、杂质的存在也能影响 T_m 值的大小。

DNA 双螺旋的摩尔消光系数低于各碱基相加的和，因为在双螺旋中，跃迁偶极矩会发生偶联，导致摩尔消光系数降低。当利用紫外分光光度法监测 DNA 双链的热变性时，吸光度（例如在 260 nm 处）随温度的增加而增加。这种效应是由碱基的堆积产生的，称为增色效应（hyperchromic effect）。DNA 双链的热变性也被称为"DNA 解链"。紫外吸收随温度变化的图谱即所谓的"解链"曲线。解链曲线呈"S"形（图 1-3），在这条曲线的拐点处发生相转变，此点温度即"解链温度"。

杂交的专一性依赖于双链的稳定性和杂交条件的严格性。对于较短的寡聚核苷酸（<20 个碱基）而言，每引入一个错配碱基，解链温度降低 5~20 ℃。

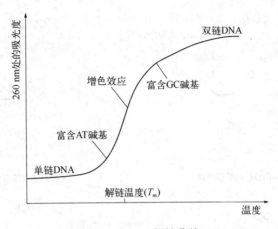

图 1-3　DNA 解链曲线

在温度低于完全配对双链的解链温度 5～15 ℃和低盐环境中，理论上可以选择性地检测到某一特定序列的存在。但要达到这个目的，需要一种能够在 ssDNA 存在时检测到 dsDNA 的方法。

一、实验设计

DNA 化学合成的概念简单，其基本目标是实现一个核苷上的活性 3'-磷酸基团与另一核苷的 5'-羟基偶联，使其具有天然 DNA 分子的全部生物学活性和特定的排列顺序。与生物合成的顺序相反，DNA 的化学合成是按照从 3' 到 5' 的方向进行的。固相合成是将要合成片段的末端核苷或核苷酸首先共价连接到一种不溶性的高聚物载体上，然后由此开始，按照所要求的碱基顺序逐步地延伸寡核苷酸链，一个化学反应循环完成一个碱基的延长，而每一个化学反应则涉及去保护、偶联、加帽和氧化四步化学反应。由于核苷酸是一个多官能团的化合物，在连接反应中除了特定的基团会发生反应外，其他如核糖 5' 碳上及磷酸上的羟基、碱基上的氨基等基团也会参加反应产生错接等，从而使真正需要的产物的产率降低并且影响产物的分离纯化。因此，在 DNA 的化学合成中，总是将暂时不需要的基团保护起来，并且在下一轮缩合反应之前将这些保护基有选择地除去，这样不断地迅速形成专一的 3'→5' 磷酸二酯键的特定核苷酸排列。当整条链完成时，寡核苷酸的粗产品必须从载体上切下来，并脱保护。寡核苷酸的合成过程要可靠，并保证有生物活性。图 1-4 列出了亚磷酰胺方法中常见的四种碱基的单体结构，其中，A 和 C 单体的保护基是苯甲酰基，G 单体的保护基是异丁酰基，T 因为没有活性环外氨基而不需要保护基团。

在寡核苷酸合成的亚磷酰胺方法中，合成的 DNA 链连接在载体上，液相中过量的试剂可以通过简单的过滤去除。因此，在每个循环间不需要进行纯化。这种载体是

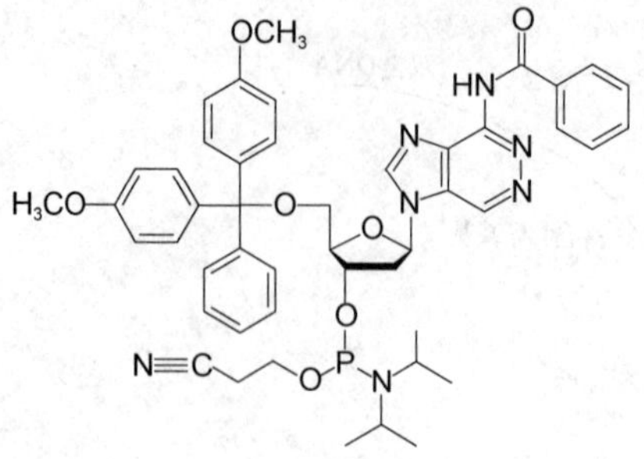

dA(bz)亚磷酰胺单体

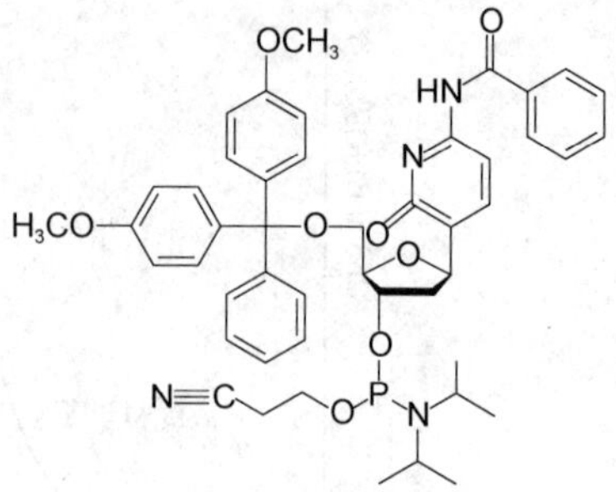

dC(bz)亚磷酰胺单体

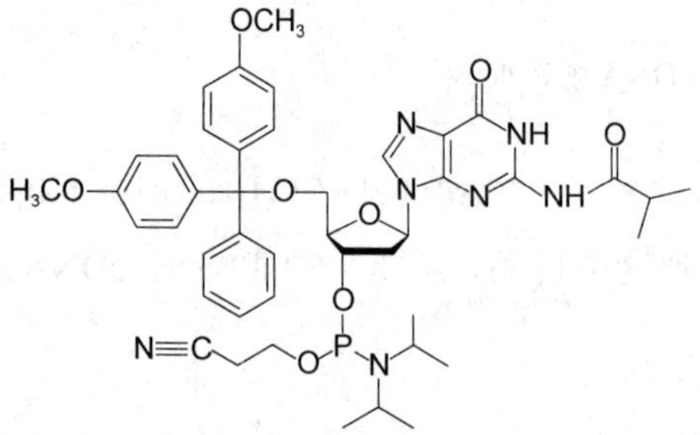

dG(ib)亚磷酰胺单体

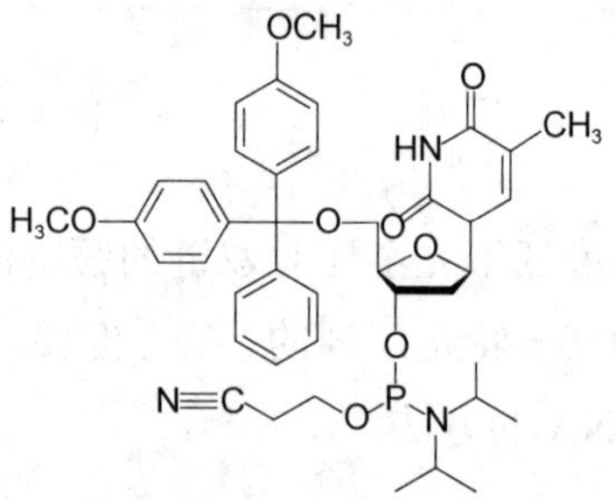

dT亚磷酰胺单体

图 1-4　DNA 合成中的四种单体结构

一种硅胶形式的可控微孔玻璃珠（CPG）。颗粒和微孔大小都已被优化，液体传输能力及其机械强度极佳。起始物质是与固相载体结合的核苷，它将成为核苷酸的 3′-OH 末端。核苷通过一个连接臂以 3′-OH 与载体相连。5′-OH 被 DMT（二甲氧基三苯甲基）基团封闭保护。

如图 1-5 所示，合成循环的第一步为去保护（detritylation 或 deprotection），用 3%三氯乙酸的二氯甲烷溶液处理衍生的固相载体，以除去 5′-OH 上的 DMT 基团。产生的游离 5′-OH 用于下一步的偶联反应。

第二步是偶联反应（coupling），同时加入亚磷酰胺核苷单体和弱酸四唑到反应柱中，产生活性的中间体，与前一个核苷的 5′-OH 反应。这一中间体非常活泼，偶联在 30 s 内就可以完成。此时，第二个亚磷酰胺的 5′-OH 同样被 DMT 基团封闭保护。

第三步称为加帽反应（capping），用于封闭没有反应的链，使其不能参与下一步的加成。因为未反应的链有一个游离的 5′-OH，它们可以通过乙酰化而被终止或封闭。这些未反应的链也被称为“失败产物”。封闭是用乙酸酐与 1-甲基咪唑完成的。因为在前面步骤中与亚磷酰胺反应的链仍被 DMT 基团封闭，所以它们不受这一步的影响。尽管封闭对于 DNA 合成并不是必不可少的，但是它的存在缩短了杂质的长度，使杂质很容易从最后产物中分离，因此加帽在 DNA 合成循环中仍然是重要的一步。

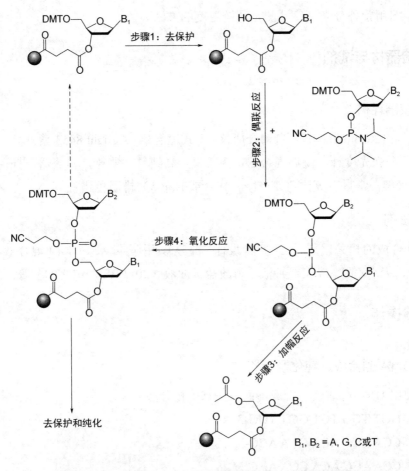

图 1-5　固相亚磷酰胺法合成寡聚核苷酸的一个循环示意图

　　最后一步是氧化反应（oxidation），核苷酸间的键从亚磷酰胺转变成更稳定的磷酸三酯。在反应中，碘作为氧化剂，水则作为氧的供体。

　　上述循环完成之后进行第二个合成循环。每经历一轮循环，延长一个核苷酸。接长的链始终被固定在不溶的固相载体上，过量的未反应物或分解物则通过过滤或洗涤除去，直至整条链达到预定的长度，此时，寡核苷酸还连在载体上，磷酸酯和碱基 A、G、C 的环外氨基上带有保护基团。用浓氨水处理可以将寡核苷酸从载体上切下，同时也可以除去氰乙基磷酸酯保护基和碱基上的保护基。利用分子排阻色谱可以使寡聚核苷酸与保护基的剪切产物等小分子分离，从而达到纯化目标寡聚核苷酸的目的。

二、实验目的

1. 学习并掌握 DNA 化学合成及 DNA 杂交的相关基本原理。
2. 学习 DNA 化学合成的基本操作及流程。

3．学习用紫外分光光度法测定解链温度的方法。

三、实验器材与试剂

1．仪器耗材

Polygen 12 Column DNA 自动合成仪，干式恒温器，Agilent 8453 紫外分光光度计，NanoDrop 分光光度计，漩涡混合器，离心机，高纯氩，普氮，移液器，Tip 头，离心管，离心管架，常量石英比色皿，Nap-10（或 Nap-5）排阻色谱柱等。

2．试剂

DNA 合成的相关试剂（见"实验设计"部分），甲胺-氨水（1∶1）混合液，3 mol/L NaCl 溶液，无水乙醇，杂交缓冲液［磷酸盐缓冲液（20×PBS，pH 7.0）］等。

四、实验操作

1．DNA 的合成、纯化及定量

① 使用 DNA 合成仪，合成下面三条寡聚核苷酸。

S1: 5′-GGT TGG TGT GGT TGG-3′

S2: 5′-CCA ACC ACA CCA ACC-3′

S3: 5′-CCA ACC ACA CCA AAC-3′

② 合成完成后，将 CPG 转移至 2 mL 离心管中，加 400 μL 甲胺-氨水（1∶1）混合液，干式恒温器 65 ℃孵育 30 min。

③ 加入 40 μL 3 mol/L NaCl 溶液和 1 mL 无水乙醇，−20 ℃孵育 30 min 以上。

④ 14000 r/min 离心 10 min，弃上清。

⑤ 500 μL 二次去离子水溶解沉淀，过滤膜后用 Nap-10（或 Nap-5）排阻色谱柱纯化。

⑥ 收集洗脱液，使用 NanoDrop 测定纯化后 DNA 的浓度。

2．解链温度的测定

① 步骤 1 中合成了三条寡聚核苷酸链，其中，S1 和 S2 是完全匹配的序列，而 S1 和 S3 则是单一碱基错配的序列。向编号为 a 和 b 的两个 600 μL 离心管中分别加入 S1 和 S2、S1 和 S3 DNA 母液（浓度已预先测定），加入 20 μL 20×PBS 后，加超纯水至总体积 400 μL，双链终浓度为 2 μmol/L。

② 分别移取上述溶液至常量石英比色皿中，在 Agilent 8453 紫外分光光度计上测其吸光度。测定温度范围为 25～70 ℃，步距为 2.5 ℃，平衡时间为 1 min。

③ 以吸光度对温度作出解链曲线，即可得到解链温度。

五、注意事项

1. DNA 合成过程中请严格按照仪器操作说明进行操作。
2. DNA 纯化步骤中需使用有刺激性气味的气体，请保持安全距离进行操作。

六、问题与思考

1. 本实验中利用分子排阻色谱法对合成的 DNA 进行了纯化，除此以外，还可以利用哪些方法对 DNA 进行分离纯化？

2. 你认为实验中影响 DNA 合成产率的因素有哪些？如果每个碱基的偶联效率为 99%，请计算合成一条 25 个碱基的寡核苷酸链的理论产率为多少？

3. 除了本实验中用到的紫外分光光度法，是否可以利用其他的方法测定解链温度？

七、参考文献

[1] Blackburn G M, Gait M J. Nucleic acids in chemistry and biology[M]. Oxford: IRL Press, 1990, 467.

[2] Narang S A. DNA synthesis [J]. Tetrahedron, 1986, 39(1): 3-22.

[3] Bannwarth W, Trzeciak A. A simple and effective chemical phosphorylation procedure for biomolecules [J]. Medicinal and biological Chemistry, 1987, 70(1): 175-186.

[4] Santalucia J, Allawi H T, Seneviratne P A. Improved nearest-neighbor parameters for predicting DNA duplex stability [J]. Biochemistry, 1996, 35(11): 3555-3562.

[5] Yguerabide J, Ceballos A. Quantitative fluorescence method for continuous measurement of DNA hybridization kinetics using a fluorescent intercalator [J]. Analytical Biochemistry, 1995, 228(2): 208-220.

[6] Lepecq J B, Paoletti C. A fluorescent complex between ethidium bromide and nucleic acids: Physical-Chemical characterization [J]. Journal of Molecular Biology, 1967, 27(1): 87-106.

[7] Mergny J L, Lacroix L. Analysis of thermal melting curves [J]. Oligonucleotides, 2003, 13(6): 515-537.

实验 1-2

核酸适体对凝血酶活性的抑制实验

核酸适体（aptamer）指经过一种新的体外筛选技术——指数富集配体系统进化（systematic evolution of ligands by exponential enrichment，SELEX），从随机单链寡聚核苷酸文库中得到的能特异结合蛋白质或其他小分子等物质的单链寡聚核苷酸，可以是 RNA 也可以是 DNA，长度一般为 25～60 个核苷酸。核酸适体与靶标间的亲和力（解离常数在 pmol/L 和 nmol/L 之间）通常相当或强于抗原抗体之间的亲和力。核酸适体所结合的靶分子包括酶、生长因子、抗体、基因调节因子、细胞黏附分子、植物凝集素、完整的病毒颗粒、病原菌、细胞等，作用范围非常广泛。核酸适体的本质是一条核酸链，与普通的核酸序列无异，可以与其互补序列杂交形成 DNA 双链。这一性质赋予了人们一种利用 cDNA 杂交调控核酸适体活性或抑制活性的方法。

凝血酶（thrombin）是血液凝固级联过程（一个最终导致血块生成的复杂过程）的一个因子，是凝血机制中的关键酶，它直接作用于血液凝固过程的最后一步，促使血浆中的可溶性纤维蛋白原转变成不溶的纤维蛋白，加速血液的凝固。凝血酶将纤维蛋白原水解成 A 肽和 B 肽，由此形成纤维蛋白单体，单体进一步聚合，在血小板、红细胞和白细胞等参与下形成血块。和胰蛋白酶一样，凝血酶属于丝氨酸蛋白酶家族。由此类酶进行肽键水解的机制已了解得很清楚，即裂解选择性地发生在精氨酸的 C 末端上。

凝血酶的活性可用一种生色反应加以观察。该方法使用了含有一个精氨酸因而可被凝血酶水解的底物 S-2238（图 1-6），水解后释放的对硝基苯胺在 405 nm 处显示强吸收。

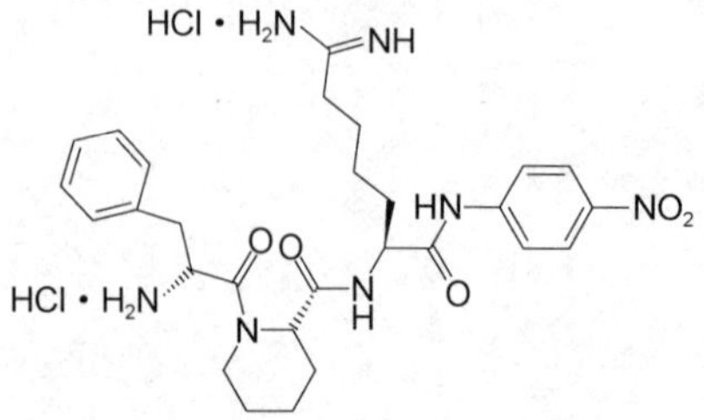

图 1-6　生色底物 S-2238

通过测量吸光度的增加即可测定反应的速率常数。原理如下：

$$凝血酶+抑制剂 \rightleftharpoons 凝血酶-抑制剂$$

$$H\text{-}D\text{-}Phe\text{-}Pip\text{-}Arg\text{-}pNA + H_2O \xrightarrow{凝血酶} H\text{-}D\text{-}Phe\text{-}Pip\text{-}Arg + pNA$$

如果抑制剂结合于凝血酶的活性位点，使酶活性降低，将导致反应速率常数降低。

反应抑制剂活性的标尺（criterion）即 IC_{50} 值（50%抑制浓度）。IC_{50} 值表示的是将凝血酶活性抑制 50%时的抑制剂浓度。为了测定 IC_{50} 值，要在不同浓度抑制存在的情况下测定如图 1-7 中的反应动力学。以相对反应速率对抑制剂初始浓度的对数作图，IC_{50} 值即可从这一曲线中得出。

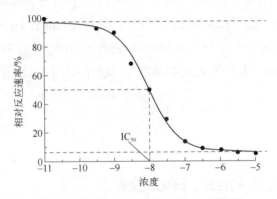

图 1-7　基于相对反应速率的 IC_{50} 值测定

一、实验设计

目前报道较多的凝血酶的核酸适体有两条，序列如下：

15mer：5′-GGT TGG TGT GGT TGG-3′（K_d 约 100 nmol/L）

29mer：5′-AGT CCG TGG TAG GGC AGG TTG GGG TGA CT-3′（K_d 约 0.5 nmol/L）

以上两条核酸适体能与凝血酶进行高特异性地结合，其中 15mer 适体会占据其用于凝血的活性位点，因而可以利用 DNA 合成仪合成 15mer 的适体，进行核酸适体对凝血酶活性抑制的研究。

二、实验目的

1. 了解核酸适体对凝血酶抑制的原理及 IC_{50} 值的概念。
2. 学习酶活性抑制的 IC_{50} 值的测定方法。

三、实验器材与试剂

1. 仪器耗材

Polygen 12 Column DNA 自动合成仪，酶标仪，干式恒温器，漩涡混合器，微型离心机，高速冷冻离心机，普氮，移液器，Tip 头，离心管，离心管架，电子天平，96 孔板等。

2. 试剂

Tris 缓冲液［取 Tris 6.1 g（50 mmol/L），NaCl 10.2 g（175 mmol/L），$Na_2EDTA \cdot 2H_2O$ 2.8 g（7.5 mmol/L），超纯水 800 mL，混匀。滴加 1 mol/L HCl 将溶液 pH 调至 8.4（25 ℃），然后再向溶液中加入 500 μL DMSO，定容至 1000 mL］，凝血酶生色底物 S-2238（用超纯水配制 15 mmol/L 的生色底物溶液），凝血酶（用 Tris 缓冲液配制 2 μmol/L 的酶溶液）。

四、实验操作

1. 凝血酶核酸适体的合成、纯化及定量

此部分实验已在实验 1-1 完成。

2. 核酸适体对凝血酶活性抑制的 IC_{50} 值的测定

本实验在 96 孔板上通过生色法测定，这样可使用酶标仪记录酶反应进程。通过在 405 nm 测定吸光度对反应进程进行监测。

① 测定 IC_{50} 值要制备一系列不同稀释浓度的核酸适体抑制剂溶液。96 微孔板上每列用一种不同浓度的核酸适体抑制剂，每行 5 个平行样本。每个孔中有 80 μL 缓冲液和 10 μL 酶溶液。在 H 行的每个孔中都加入双倍量的缓冲液和酶溶液。然后将 2 μL 核酸适体溶液加入 H 行的每个孔中，再将 90 μL H 行每个孔中的溶液转移到 G 行的每个孔中，并与原有的缓冲液/酶溶液混合。再将 90 μL 该溶液（现在为 H 行溶液浓度的一半）转移至 F 行，以此类推直到 B 行。A 行的各孔作为对照。

② 上述溶液室温培育 30 min，加入 10 μL 生色底物的溶液。

③ 将微孔板放到酶标仪中，并对其动力学进行记录（通常情况下，每 60 s 应进行 60～80 次测定）。

④ 以表格形式记录动力学数据，从中得到探针分子的吸收曲线，每条曲线在开始几分钟几乎是线性的，测算其速率即得反应速率。用这些数值对每种底物浓度的对数

作图，从这些 S 形曲线就可求出 IC_{50} 值。

3. 核酸适体互补 cDNA 对核酸适体抑制作用的调控实验

① 核酸适体和其互补 cDNA 等比例混合在缓冲液中，置于干式恒温器上 95 ℃ 孵育 5 min。放置于室温下杂交。

② 按照实验操作 2 的方法，配制一系列浓度的反应液，将核酸适体溶液改为前一步配制的核酸适体和其互补 cDNA 溶液。

③ 上述溶液室温孵育 30 min 后，加入 10 μL 生色底物的溶液。

④ 将微孔板放到酶标仪中，并对动力学进行记录。

⑤ 以表格形式记录动力学数据，用这些数值对每种底物浓度的对数作图，求出 IC_{50} 值。对比加入 cDNA 前后核酸适体对凝血酶的抑制作用有什么变化。

五、注意事项

1. 请严格按照酶标仪使用说明进行操作。

2. 实验过程中请注意将生色底物溶液避光保存。

3. 实验过程中请将凝血酶溶液置于冰盒上暂时保存。

六、问题与思考

1. 为什么选取酶活性抑制 50% 时的抑制剂浓度作为反应抑制剂活性的标尺，而不选取酶活性抑制 100% 时的抑制剂浓度？

2. 相比于抗体，核酸适体的优点是什么？核酸适体可能通过什么方式抑制凝血酶活性？

七、参考文献

[1] Jayasena S D. Aptamers: an emerging class of molecules that rival antibodies in diagnostics [J]. Clinical Chemistry, 1999, 45(9): 1628-1650.

[2] Hermann T, Patel D J. Adaptive recognition by nucleic acid aptamers [J]. Science, 2000, 287(5454): 820-825.

[3] Bock L C, Griffin L C, Latham J A, et al. Selection of single-stranded DNA molecules that bind and inhibit human thrombin [J]. Nature, 1992, 355(6360): 564-566.

[4] Spiridonova V A, Novikova T M, Nikulina D M, et al. Complex formation with protamine prolongs the thrombin-inhibiting effect of DNA aptamer *in vivo* [J]. Biochimie, 2018, 145: 158-162.

[5] Dehghani S, Nosrati R, Yousefi M, et al. Aptamer-based biosensors and nanosensors for the detection of vascular endothelial growth factor (VEGF): A review [J]. Biosensors and bioelectronics, 2018, 110: 23-37.

实验 1-3

G-四链体对 hemin 催化活性的促进实验

双螺旋是 DNA 最常见的二级结构。此外，DNA 还能折叠形成其他的分子内或分子间的三维空间结构，其中 G-四链体（G-quadruplex）就是一种特殊的二级结构。它是含有丰富鸟嘌呤（G）的 DNA 或者 RNA 序列，可以堆积形成四链体结构（图 1-8）。

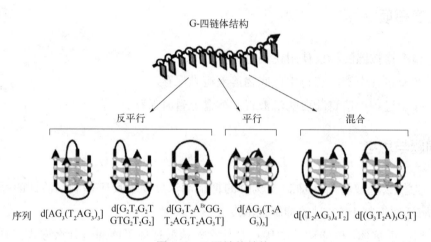

图 1-8　G-四链体结构

生物分析显示，人类基因组中可能存在超过 37600 条含有 G-四链体结构的 DNA，超过 40%的基因的激活子具有一个或多个 G-四链体结构位点，这暗示着基因组中的 G-四链体结构对生物体的基因调控具有相当大的作用。不仅如此，G-四链体结构常见于原癌基因中，而很少存在于抑癌基因中，这说明 G-四链体可能与癌症的发生相关，对 G-四链体的研究有助于发现癌症诊断、抗癌治疗的新方法。

一、实验设计

G-四链体可以与氯高铁血红素（hemin）结合，并促使 hemin 的催化活性增强，形成具有过氧化物酶活性的 DNA 模拟酶，称之为 G-四链体-hemin DNA 酶（简称 G-四链体 DNA 酶）（图 1-9）。hemin 是病理状态下的血红细胞释放的亚铁血红素（heme）

的氧化形式，也是生物体内多种过氧化物酶的催化活性中心，具有较低的过氧化物酶活性。它可以催化 H_2O_2 氧化 ABTS[2,2′-氨基-二（3-乙基-苯并噻唑啉-6-磺酸）]生成在波长 414 nm 处有特征吸收的绿色产物 $ABTS^{·+}$。本实验中着重探讨了 G-四链体对 hemin 参与的催化反应的促进作用。

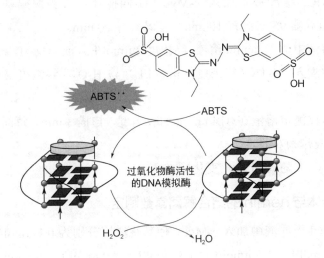

图 1-9　G-四链体-hemin 复合物催化 ABTS 与 H_2O_2 反应（见彩插）

二、实验目的

1. 了解 G-四链体的结构及功能。
2. 学习酶标仪使用方法。
3. 学习酶与底物结合解离常数的测定方法。

三、实验器材与试剂

1. 仪器耗材

酶标仪，干式恒温器，96 孔板，漩涡混合器，微型离心机，移液器，Tip 头，离心管，离心管架等。

2. 试剂

40 μmol/L hemin 溶液，40 mmol/L ABTS 溶液，20 mmol/L H_2O_2 溶液，0.1 mol/L Tris-HCl 缓冲液（pH 6.5），20 μmol/L c-Myc 溶液（5′-TGAGGGTGGGGAGGGTGGGG AA-3′）等。

四、实验操作

1. G-四链体-hemin 复合物的酶活性测定

① 向 Tris-HCl 缓冲液中加入 c-Myc（G-四链体，人类原癌基因），终浓度为 4 μmol/L，干式恒温器 95 ℃孵育 10 min，室温孵育 20 min。

② 向上述溶液中加入 hemin 溶液（终浓度 2 μmol/L），混合均匀，室温孵育 40 min。

③ 向溶液中加入 ABTS（终浓度 2 mmol/L）与 H_2O_2（终浓度 2 mmol/L）。体系总体积 200 μL。

④ 使用酶标仪测定溶液在 414 nm 处的吸光度，扫描 3 min，每间隔 10 s 测一次。不加 c-Myc 的溶液作为对照。

作出吸光度（A）随时间（t）变化图。

2. G-四链体与 hemin 的结合解离常数测定

① 向 Tris-HCl 缓冲液中加入 c-Myc，使其终浓度分别为 0.1 μmol/L、0.2 μmol/L、0.4 μmol/L、0.8 μmol/L、1.5 μmol/L、3.5 μmol/L、4.0 μmol/L、5.5 μmol/L。

② 干式恒温器 95 ℃孵育 10 min，室温孵育 20 min。

③ 向溶液中加入 hemin 溶液（终浓度 2 μmol/L），混合均匀，室温孵育 40 min。

④ 向溶液中加入 ABTS（终浓度 2 mmol/L）与 H_2O_2（终浓度 2 mmol/L）。体系总体积 200 μL。

⑤ 用酶标仪测定上述溶液在 414 nm 处的吸光度。Tris-HCl 缓冲液作为空白对照。

⑥ 根据方程式进行拟合得到结合解离常数 K_d 值，即

$$[DNA]_0 = K_d(A-A_0)/(A_\infty-A) + [P_0](A-A_0)/(A_\infty-A_0)$$

其中，$[DNA]_0$ 是 DNA 样品的初始浓度；$[P_0]$ 是 hemin 的初始浓度；A_0 是自由 hemin 的吸光度；A_∞ 是 DNA 与 hemin 结合达到饱和时的吸光度；A 是不同浓度的 DNA 与 hemin 结合后的吸光度。

五、注意事项

1. ABTS 对人体有刺激性，操作时请注意防护以免直接接触人体或吸入体内。
2. 实验过程中请注意将 ABTS 与 hemin 溶液避光保存。

六、问题与思考

1. G-四链体除了识别 hemin 以外，通过文献调研，还有哪些分子可以被 G-四链

体识别？

　　2．目前有哪些表征手段可以证明 G-四链体的形成？

　　3．哪些因素会影响 G-四链体的结合亲和力？

七、参考文献

[1] Matthew L B, Katrin P, Virginia A Z. DNA secondary structures: stability and function of G-quadruplex structures [J]. Nature reviews genetics, 2012, 13(11): 771-778.

[2] Hidenobu Y, Takashi M, Daisuke M, et al. Specific binding of anionic porphyrin and phthalocyanine to the G-quadruplex with a variety of *in vitro* and *in vivo* applications [J]. Molecules, 2012, 17(9): 10586-10613.

[3] Cheng X H, Liu X J, Bing T, et al. General peroxidase activity of G-quadruplex-hemin complexes and its application in ligand screening [J]. Biochemistry, 2009, 48(33): 7817-7823.

[4] Li T, Dong S J, Wang E K. G-quadruplex aptamers with peroxidase-like DNAzyme functions: which is the best and how does it work [J]. Chemistry-An Asian Journal, 2009, 4(6): 918-922.

[5] Zhu L, Li C, Zhu Z, et al. *In vitro* selection of highly efficient G-quadruplex-based DNAzymes [J]. Analytical Chemistry, 2012, 84(19): 8383-8390.

专题二
新型溶酶体荧光探针的设计、合成与评估

高等生物细胞内含多种膜包埋的、与细胞质隔离的微结构。这些具有独特生物微环境与生物功能的结构单元被称为细胞器，如溶酶体、线粒体、内质网及细胞核等。作为细胞的结构单元，细胞器对细胞的生物功能至关重要。一方面，细胞器功能异常会引发多种疾病；另一方面，疾病或应激状态常伴随细胞器外在结构、内在成分以及生物功能的变化。目前，调控细胞器功能已经成为医学研究的一个重要领域，如通过调控线粒体的代谢过程来实现抗衰老。因此，能够实时、精准监测特定细胞器变化的分析方法，对细胞器生物学研究以及细胞器靶向药物的药效评估具有重要价值。

目前已有适用于不同细胞器的多种成像方法，这些方法各有其优缺点。未来研究趋势是从生理状态下细胞器分析，转向应激或受损细胞器的成像研究，并逐步拓展到小动物活体特定组织中细胞器的应激或受损分析。本专题以溶酶体作为范例，介绍基于化学小分子探针的细胞器成像。

溶酶体（lysosome）是真核细胞中的一种细胞器，其内部环境呈弱酸性（pH 4～6），含有多种水解酶。溶酶体不但具有细胞内的消化功能，还与细胞自噬、凋亡、免疫防御、癌症演进有直接的关联。因此开发能够标记并追踪活细胞中溶酶体的分子探针，对于研究溶酶体的生物功能以及活体癌细胞的诊断都具有重要的意义。现在已有多种可以标记溶酶体的分子探针用于研究溶酶体的生物功能。这些探针大多含有弱碱性的取代基团，可以选择性聚集在低 pH 值的溶酶体内，如最常用 Invitrogen 开发的向酸性荧光探针（LysoTracker Green DND-26 等）。LysoTracker Green 探针对细胞溶酶体的标记原理见图 2-1（a）。该类探针的常见缺点包括：①背景信号比较高，导致非特异性标记；②稳定性低，容易被光猝灭，丧失荧光性能；③在细胞内的保留期短，细胞内探针容易流失；④难以定位或跟踪酸度降低或丧失的溶酶体。

本实验设计、合成及评估一类新型罗丹明 B 衍生物作为高效溶酶体标记探针，即

dRB-EDA，其标记原理见图 2-1（b）。该探针在进入细胞溶酶体后，溶酶体内的弱酸性环境激发该类衍生物发生异构化，使之成为可以发荧光的分子。和商业化染料往往具有一个弱碱性基团的侧链一样，本实验设计的新型罗丹明 B 衍生物分子也具有一个氨基侧链，这使得其可以被质子化并且聚集在酸性囊泡内。利用这一特点，使其可以长时间地聚集在溶酶体中，并且其荧光强度随溶酶体内 pH 值的改变而发生变化，即具有酸敏感性，并且该类衍生物具有低背景信号、高稳定性和在细胞内保留期长的优点。

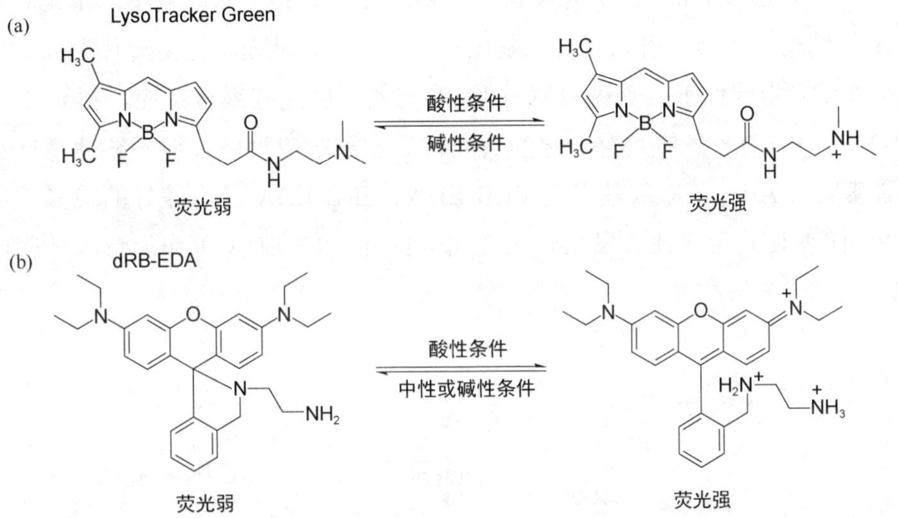

图 2-1　LysoTracker Green 探针（a）和 dRB-EDA 探针（b）对细胞溶酶体的标记原理

综合延伸问题：

1．列举几种常用荧光成像小分子探针的生色基团。
2．查阅文献，列举几种细胞溶酶体荧光探针，画出其结构，并指明生色团。

实验 2-1

dRB-EDA 探针的合成及荧光性能评估

　　罗丹明 B 是一种常见的荧光染料，又称玫瑰红 B 或者玫瑰精 B。本实验基于罗丹明 B 的结构，在其上引入酸响应基团——乙二胺，从而构建溶酶体靶向的荧光探针。具体反应步骤如下：首先将罗丹明 B 与乙二胺进行缩合反应，得到 RB-EDA（图 2-2）。RB-EDA 虽然具有一定的荧光性质和酸响应性能，但不够理想，在其基础上继续用 LiAlH₄ 还原羰基得到 dRB-EDA。dRB-EDA 具有较好的荧光性质，并且随着 pH 变化其荧光性质发生较大变化，因此 dRB-EDA 可作为溶酶体靶向的荧光探针。

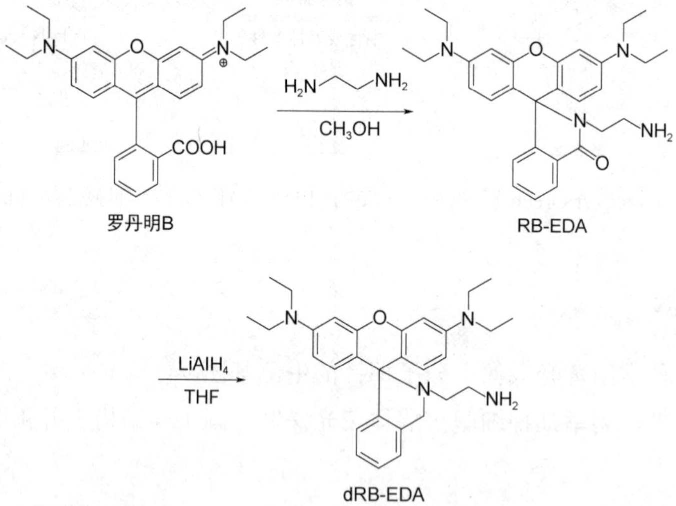

图 2-2　荧光探针 RB-EDA 和 dRB-EDA 的合成路线

一、实验设计

　　本实验通过简单的有机反应，合成了两种荧光探针 RB-EDA 和 dRB-EDA，并利用荧光分光光度计对这两种探针在不同 pH 条件下的荧光性能进行评估。

二、实验目的

1．初步了解溶酶体的生理与结构特征。

2．学习和掌握新型溶酶体探针的合成方法与荧光性能评估。

三、实验器材与试剂

1．仪器耗材

薄层色谱板，50 mL 及 100 mL 反应瓶，玻璃色谱柱，三通阀，加压泵，旋转蒸发仪，磁力加热搅拌器，搅拌磁子，荧光比色皿，荧光光度计，台式 pH 计，2 mL 及 5 mL 离心管，恒温水浴锅等。

2．试剂

有机合成实验：二氯甲烷，甲醇，三乙胺，乙二胺，氢化铝锂，罗丹明 B，硅胶（100～200 目），正丁醇，无水硫酸钠，无水四氢呋喃。

pH 滴定实验：DMSO，磷酸钠缓冲溶液（100 mmol/L，pH 3.5、4.0、4.5、5.0、5.5、6.0、6.5、7.0、7.5、8.0、8.5、9.0）。

四、实验操作

1．探针 RB-EDA 的合成

RB-EDA 的合成路线见图 2-3。

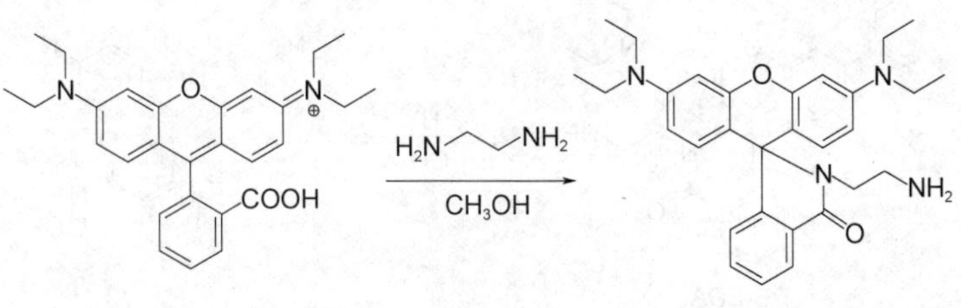

图 2-3　RB-EDA 的合成

① 将罗丹明 B（1.0 g）和乙二胺（2.5 mL）加入 7 mL 甲醇中，80～90 ℃搅拌直至罗丹明 B 的颜色消失。

② 旋蒸除掉溶剂，以硅胶柱色谱方法，用二氯甲烷-三乙胺（10∶1，体积比）为洗脱剂，分离得到纯品 0.65 g（产率：60%）。

2. 探针 dRB-EDA 的合成

dRB-EDA 合成路线如图 2-4。

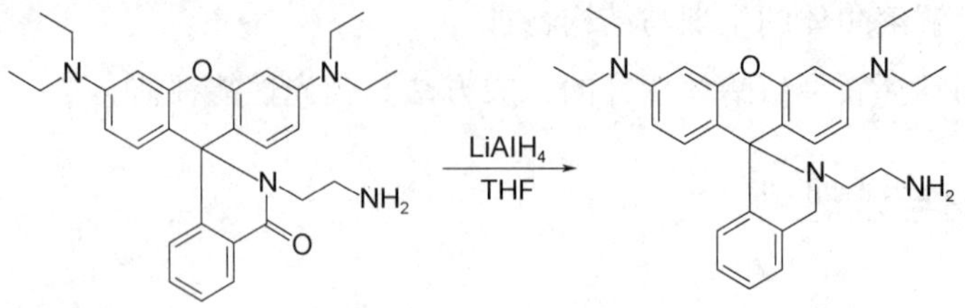

图 2-4　dRB-EDA 的合成

① 将 LiAlH₄（0.2 g）缓慢加入溶有 RB-EDA（0.65 g）的无水四氢呋喃（3 mL）里。在氮气保护下室温搅拌过夜，然后往反应体系里缓慢加入 0.65 mL 正丁醇，淬灭反应。

② 旋转蒸发掉反应液后，将二氯甲烷（13 mL）和水（13 mL）加入反应物中，萃取收集有机相，加入无水硫酸钠干燥后，旋蒸除掉溶剂。

③ 以硅胶柱色谱方法，用二氯甲烷-正己烷-三乙胺（10∶10∶1，体积比）为洗脱剂，分离得到纯品。

3. 探针 dRB-EDA 的 pH 滴定

① 配制浓度为 10 mmol/L 的 RB-EDA 和 dRB-EDA 的 DMSO 溶液，再配制 pH 分别为 3.5、4.0、4.5、5.0、5.5、6.0、6.5、7.0、7.5、8.0、8.5 和 9.0 的终浓度为 1.0 μmol/L 的 RB-EDA 和 dRB-EDA 的磷酸盐缓冲溶液，平衡 10 min。

② 测定 pH=4.0 时探针 RB-EDA 和 dRB-EDA 的激发光谱和发射光谱，从而确定最大的激发波长和发射波长。

③ 分别测试两种探针在不同 pH 的荧光发射光谱（图 2-5）。

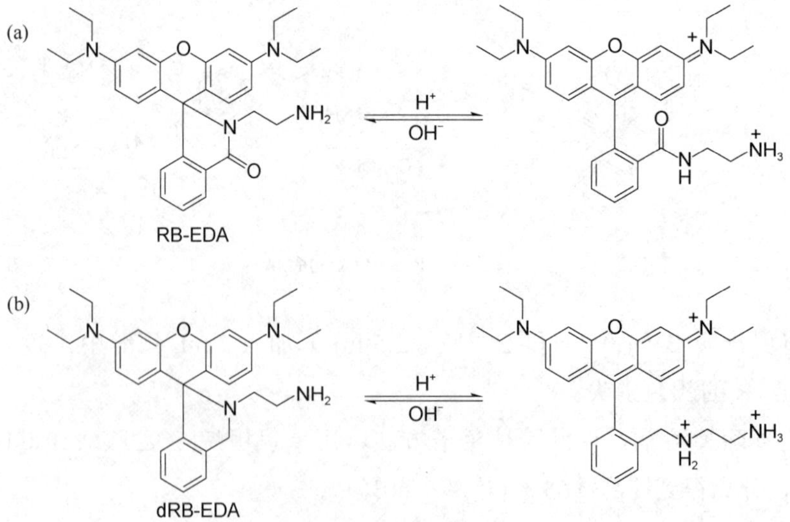

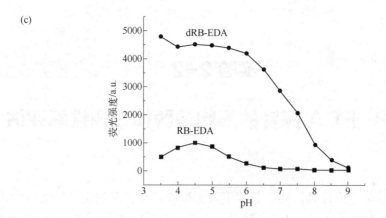

图 2-5　利用荧光分析法测定不同 pH 条件下 dRB-EDA 和 RB-EDA 的荧光性能

酸性条件促进 RB-EDA（a）和 dRB-EDA（b）的开环反应。（c）dRB-EDA 和 RB-EDA 在不同 pH 条件（pH 3.5～9）下的荧光强度曲线（终浓度均为 1 μmol/L，λ_{ex}=565 nm，λ_{em}=585 nm）

五、注意事项

1．LiAlH$_4$ 试剂非常危险，遇水爆炸，与空气中的水蒸气作用可能燃烧！相关操作必须在任课老师许可、指导下进行。

2．有机溶剂的转移、处理均需要在通风橱中进行。

六、问题与思考

1．简述该探针为什么在溶酶体中显色，如何证明？

2．如何证明该探针是 pH 响应的？

3．试写出氢化锂铝还原 RB-EDA 的机理。

七、参考文献

[1] Towers C G, Thorburn A. Targeting the lysosome for cancer therapy [J]. Cancer Discovery, 2017, 7 (11): 1218-1220.

[2] Platt F M, d'Azzo A, Davidson B L, et al. Lysosomal storage diseases [J]. Nature Reviews Disease Primers, 2018, 4(1): 27.

[3] Li Z, Song, Y, Yang Y, et al. Rhodamine-deoxylactam functionalized poly[styrene-alter-(maleic acid)]s as lysosome activatable probes for intraoperative detection of tumors [J]. Chemical Science, 2012, 3:2941-2948.

实验 2-2

dRB-EDA 探针的细胞溶酶体成像性能评估

在进行细胞荧光成像时，通常需要不同的细胞器进行荧光定位。常用的定位方法是利用商业化的荧光探针对细胞进行染色，不同的荧光探针可以标记相应的细胞器，从而在荧光图像上实现细胞器的定位。如 4′,6-二脒基-2-苯基吲哚（DAPI）是一种常见的 DNA 染料，可以用来对细胞核进行染色，从而实现细胞核的定位。LysoTracker Green 是一种常用的细胞溶酶体靶向荧光探针，可以用来作为细胞溶酶体的定位和荧光成像。在评估靶向性荧光探针时，通常使用一种作用相同的商业化荧光探针来作为对照，通过分析荧光图像上两种荧光探针的共定位效果，考察新荧光探针的成像性能。

本实验利用新合成的 dRB-EDA 探针探究其对细胞溶酶体的选择性荧光成像效果，利用 DAPI 作为细胞核定位对照，用 LysoTracker Green 作为溶酶体的定位对照。同时，为了考察荧光探针的酸响应性能，我们通过改变细胞溶酶体的 pH 来进一步验证探针的酸响应特性。巴佛洛霉素 A1（bafilomycin A1，BFA）是一种细胞自噬抑制剂。它可以作用于一种膜分布质子泵蛋白（V-ATPase），从而使得细胞溶酶体的 pH 上升，因此，经 BFA 预处理的细胞溶酶体会丧失原本的酸性环境。未经 BFA 处理的细胞，由于其溶酶体的酸性会激活 dRB-EDA 开环发出荧光；而经 BFA 处理后的细胞，由于其溶酶体酸性的丧失则无法激活 dRB-EDA 开环发出荧光。通过这一变化可以探究和评估 dRB-EDA 探针对溶酶体的选择性荧光成像性能。

一、实验设计

本实验利用合成的 dRB-EDA 探针对细胞溶酶体进行染色，并将实验结果与利用 LysoTracker Green 探针染色所获得的结果进行对比。在此基础上，本实验将利用 BFA 对细胞进行处理，改变溶酶体的 pH，然后再利用 dRB-EDA 探针和 LysoTracker Green 探针进行细胞染色，观察溶酶体 pH 变化对探针染色的影响。

二、实验目的

1. 学习和掌握细胞溶酶体荧光染色的原理。
2. 掌握细胞溶酶体荧光染色的实验技能。

三、实验器材与试剂

1. 仪器耗材

2 mL 离心管，移液枪（5 mL、1 mL、200 μL、10 μL），枪头（5 mL、1 mL、200 μL、10 μL），培养皿，生物安全柜，恒温水浴锅，离心机等。

2. 材料

HeLa 细胞、L929 细胞或 MEF 细胞。

3. 试剂

细胞实验：①DMEM 培养基，0.22 μm 滤膜过滤，加入 10%胎牛血清（FBS），加入 1%双抗（青链霉素混合液）；②LysoTracker Green DND-26，PBS（将 NaCl 8.0 g、KCl 0.2 g、Na_2HPO_4 1.44 g、KH_2PO_4 0.24 g 用 1 L 去离子水溶解，高压灭菌）。

四、实验操作

1. 探针 dRB-EDA 对细胞溶酶体的染色

① 在 37 ℃、5% CO_2 培养箱中，用含 10%胎牛血清的培养基培养哺乳动物细胞 HeLa 细胞或者 L929 细胞。将细胞分盘于 35 mm 共聚焦培养皿中，一共分成 A、B、C 三组，分别孵育 24 h。

② 对细胞进行染色标记，A、B、C 组中的细胞核均用 DAPI 染色，A 组中的溶酶体用 LysoTracker Green 染色；B 组中的溶酶体用 dRB-EDA 染色；C 组中的溶酶体用 LysoTracker Green 和 dRB-EDA 同时染色。各探针的使用浓度分别为 LysoTracker Green 1 μmol/L、dRB-EDA 1 μmol/L、DAPI 1 μmol/L。加入探针后孵育 30 min，然后移去培养基，PBS 洗三次，更换新的培养基。

③ 将细胞置于共聚焦显微镜下观察。

在对照组 A，只标记 LysoTracker Green 绿色溶酶体染料的细胞中，可以见到绿色的点状分布，而对应 dRB-EDA 的红色通道没有可见的荧光信号。而在只标记 dRB-EDA 的细胞中，可以见到红色的点状分布，而在 LysoTracker Green 对应的通道中没有可见的荧光信号。这证明了在该体系中共聚焦实验是没有"串色"或者颜色"泄漏"发生，这为我们后面进一步说明问题打下基础。在后面 dRB-EDA 和 LysoTracker Green 共染的细胞中，两种荧光染料对应的通道中都出现了荧光信号，并且二者高度重叠。这证明了 dRB-EDA 在活细胞内可以定位在溶酶体中，并且发出强荧光。染色效果见图 2-6。

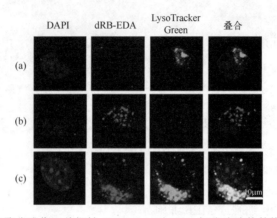

图 2-6　利用激光共聚焦成像评估探针 dRB-EDA 对 L929 细胞溶酶体的染色效果（见彩插）

（a）、（b）、（c）组中的细胞核均用 DAPI 染色，用蓝色标记；（a）组中的溶酶体用 LysoTracker Green 染色，用绿色标记；（b）组中的溶酶体用 dRB-EDA 染色，用红色标记；（c）组中的溶酶体用 LysoTracker Green 和 dRB-EDA 同时染色，分别用绿色和红色标记，共定位的部分用黄色标记

2. 探针 dRB-EDA 对细胞溶酶体的染色具有 pH 依赖性

为证明 dRB-EDA 在活细胞内发出的荧光是酸响应的，我们将细胞用 BFA（bafilomycin A1）预先孵育 4 h，之后和 dRB-EDA 以及 LysoTracker Green 孵育。具体操作为：把细胞传代至两个 35 mm 共聚焦培养皿中，孵育 24 h，密度约为 60% 覆盖率。将其中一盘细胞预先孵育 50 nmol/L 的 BFA（bafilomycin A1）4 h，另一盘细胞不做处理。之后两盘细胞均更换含有 dRB-EDA（1 μmol/L）和 LysoTracker Green（1 μmol/L）的新鲜培养基，继续孵育 30 min。PBS 洗脱 3 次，更换培养基，然后置于共聚焦显微镜下观察（图 2-7）。

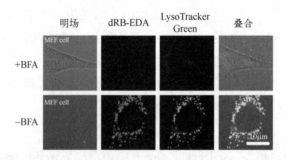

图 2-7　利用激光共聚焦成像评估探针 dRB-EDA 对细胞溶酶体染色的 pH 依赖性（见彩插）

BFA 用来升高溶酶体的 pH 从而使探针不能对溶酶体进行染色。dRB-EDA 和 LysoTracker Green 染色的溶酶体分别用红色和绿色标记，共定位的部分用黄色标记

五、注意事项

1. 所有细胞实验应在生物安全柜内操作，生物安全柜使用前需开紫外灯灭菌

30 min 左右，如条件允许整个实验室也提前开紫外灯灭菌，确保整个实验环境无菌。

2. 细胞传代时，胰酶消化细胞时间不宜过久，可以通过显微镜观察细胞消化情况；吹打贴壁细胞要轻，避免伤害细胞。

3. 贴壁细胞孵育探针时，提前将探针与细胞培养液预混，保证孵药浓度均一。

六、问题与思考

1. 基于溶酶体的酸性特征，目前有多种向酸性探针用于溶酶体定位荧光成像。比如商业化 LysoTracker 含有一个荧光基团及一个弱碱性基团。弱碱性基团通过光致电子转移（photoinduced electron transfer, PET）抑制探针荧光。弱碱性基团被酸性 pH 质子化，促使探针积聚在溶酶体，抑制 PET，导致荧光增强。这类向酸性探针的一个主要缺点是溶酶体 pH 升高，探针离开溶酶体，丧失对溶酶体的定位功能。查询了解 LysoTracker 的化学结构及其标记酸性溶酶体的机制。请问本文所设计的探针是否能够标记 pH 升高的溶酶体（如 pH=7）的溶酶体？

2. 细胞生物学研究中常使用荧光蛋白标记的溶酶体特异蛋白（如 green fluorescent protein-tagged lysosome associated membrane protein-1，GFP-LAMP1）用于溶酶体的荧光定位成像。讨论该类生物大分子探针与向酸性小分子探针在溶酶体成像中的优缺点。

3. 有研究报道可用荧光标记纳米颗粒实现溶酶体成像。该类纳米颗粒探针靶向溶酶体的机制是什么？试分析纳米颗粒探针与向酸性小分子溶酶体探针对比，在溶酶体成像中的优缺点。

4. 在疾病或应激条件下，溶酶体膜受到损伤引发膜通透。这导致溶酶体内荧光探针释放胞浆中。思考如何发展新方法，实现对膜通透溶酶体的荧光定位跟踪？

七、参考文献

[1] Suomalainen A, Battersby B J. Mitochondrial diseases: the contribution of organelle stress responses to pathology [J]. Nature Reviews Molecular Cell Biology, 2018, 19: 77-92.

[2] Zhang E, Shi Y, Han J, et al. Organelle-directed metabolic glycan labeling and optical tracking of stressed organelles Thereof [J]. Analytical Chemistry, 2020, 92 (22): 15059-15068.

[3] Xue Z, Zhang E, Liu J, et al. Bioorthogonal conjugation directed by a sugar-sorting pathway for continual tracking of stressed organelles [J]. Angewandte Chemie International Edition, 2018, 57 (32): 10096-10101.

附1：细胞实验基本操作

一、细胞传代（以 HeLa 细胞为例）

（1）生物安全柜提前紫外灭菌 30 min，另将 PBS、培养基和胰酶提前放置于 37 ℃水浴锅中预热。

（2）将长有 80%～90% HeLa 细胞的 10 cm 细胞培养皿中的原培养液吸去。

（3）加入 2 mL PBS，摇晃洗去原残留培养液，吸去 PBS。

（4）加入 1 mL 胰酶，摇晃使得皿底细胞均浸没在溶液中。

（5）将上述细胞培养皿置于 37 ℃培养箱中消化 3 min。

（6）用移液枪取 1 mL 新鲜培养液轻轻反复吹打贴壁细胞，使得所有细胞悬浮在培养液中。此时可观察到，培养皿底部从雾状变为澄清透亮，这说明贴壁细胞基本被消化下来。

（7）将上述细胞悬液转移至 2 mL 离心管中，1000 r/min 下离心 3 min，此时可观察到离心管底部有聚集的细胞。

（8）吸取上清液，加入 1 mL 新鲜培养液轻轻吹打细胞使其重悬，将上述细胞悬液按比例加入已加入新鲜培养液的 10 cm/20 mm 细胞培养皿/共聚焦细胞培养皿中。前后左右来回振荡细胞使其分散均匀，将上述细胞培养皿放入 37 ℃培养箱中培养。

（9）收拾整理生物安全柜。

二、细胞孵育探针（以 HeLa 细胞为例）

（1）按一定浓度将探针与新鲜培养基提前混合均匀。

（2）将长有 HeLa 细胞的 20 mm 共聚焦细胞培养皿中的原培养液吸去，加入上述探针培养液孵育一段时间。

（3）吸去培养液，PBS 反复洗三次，加入新鲜培养液（无探针），共聚焦成像。

绿色荧光蛋白的克隆表达和表征

2020 年，诺贝尔化学奖授予了埃玛纽埃勒·沙尔庞捷（Emmanuelle Charpentier）和詹妮弗·杜德纳（Jennifer A. Doudna）以表彰她们开发的一种新的基因组编辑方法——CRISPR/Cas9（clustered regularly interspaced short palindromic repeats/CRISPR-associated protein 9），见图 3-1。CRISPR 系统通过向导 RNA 和核酸酶 Cas 蛋白在基因组上特定位点进行序列编辑，具有高效、精准和可设计等特点，引发了现代生物学领域的巨大技术变革。从 1972 年保罗·伯格（Paul Berg）构建第一个 DNA 重组分子开始的基因工程，到目前如火如荼的合成生物学，以及使用一把分子剪刀对基因组进行高效且精准编辑用于改写生命密码 DNA 的技术，正推动着生命科学的快速发展。

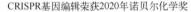

CRISPR基因编辑荣获2020年诺贝尔化学奖

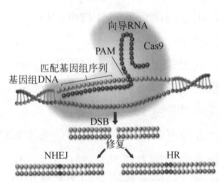

Emmanuelle Charpentier　　Jennifer A. Doudna

图 3-1　2020 年诺贝尔化学奖授予 CRISPR/Cas9 基因编辑技术

（*Science*, **2014**, 346(6213): 1258096; *Food Science and Human Wellness*, **2016**, 5(3): 116-123.）

PAM—protospacer adjacent motif, 原间隔相邻基序；DSB—double strand breaks, DNA 双链断裂；
NHEJ—non-homologous end joining, 非同源末端连接；HR—homologous recombination, 同源重组

人类对遗传物质的研究起源于 19 世纪中叶，当时孟德尔提出了生物体的每个可以遗传的性状都是由一个被称为"基因"的因子控制，这些因子以物质颗粒的形式存在于细胞某部位。这个观点标志着遗传学的诞生，从那之后，理解并掌握控制遗传性状

的基因的结构和功能就成为这门学科前进的方向。1868 年，米歇尔（Miesher）从脓细胞中分离出氮磷含量丰富的物质并命名为核素，该物质的化学成分和基本结构由科塞尔（Kossel）确认，并被命名为核酸。1903 年，关于基因位于染色体上的假设被提出，并在 1910 年被证实；1944 年，艾佛里（Avery）首次提出 DNA 是遗传物质；1953 年，沃森（Watson）和克里克（Crick）提出了 DNA 双螺旋结构模型。随后的14 年间，DNA 的结构被精确地表述，遗传密码被破解、转录和翻译的过程也得到了详细地描述。

随着对分子生物学研究的深入，科学家们不再满足于对 DNA 秘密的探索，而开始跃跃欲试对 DNA 进行人工操纵。早在 1967 年，国际上的三个实验室同时发现了DNA 连接酶，这种酶能将断裂的 DNA 分子连接在一起。1970 年，汉弥尔顿·史密斯（Hamilton Smith）发现了限制性内切酶，该酶可在特定位置切割 DNA，这使科学家能够从生物体的基因组中分离基因。通过连接酶和限制性内切酶，可以进行 DNA 序列的"剪切和粘贴"，从而生成重组 DNA。质粒于 1952 年首次被发现，成为在细胞之间信息传递和 DNA 序列复制的重要工具。1977 年，弗里德里克·桑格（Frederick Sanger）开发了 DNA 测序技术，大幅提高了科学家获取遗传信息的能力。除了操纵 DNA 之外，将 DNA 引入生物体也是基因工程的另一项重要技术，即转化（transformation）。在 20世纪 70 年代，Morton Mandel、Akiko Higa 以及 Stanley Cohen 发展了 $CaCl_2$ 法转化质粒，而在 20 世纪 80 年代后期，电穿孔转化法也被开发出来，大大提高了转化效率和宿主范围。这些技术都被称为 DNA 重组技术，又被称为基因工程（genetic engineering）。基因工程是使用生物技术直接操纵有机体基因、用于改变细胞遗传物质的技术，是与核酸相关的各项实验技术和研究的基础。

由 DNA 重组技术衍生出的生物技术，使得利用基因来生产蛋白质药物和改造植物以提高农作物产量成为现实。例如，人胰岛素在 1979 年通过细菌合成，于 1982 年首次用于治疗；1988 年，第一株人源抗体在植物中生产；1983 年，通过反义 RNA 技术成功抑制了番茄中多聚半乳糖醛酸酶基因，使番茄更耐贮藏；1993 年，玉米被培育出能自身合成内毒素的品种，使植物具备了自我杀虫的能力。另外，20 世纪 80 年代出现的聚合酶链式反应（PCR）技术在分子生物学领域的发展中起到了关键作用。凯利·穆利斯（Kary Mullis）于 1983 年开发的 PCR 技术扩展了 DNA 分析的研究范围，为疫情暴发时期的疾病快速诊断、凶杀案中生物物证的溯源以及考古学中对人类基因演化的研究提供了重要工具。

基因工程实验通常包括以下步骤：①将包含目的基因的 DNA 片段插入到一个称为载体（vector）的环状 DNA 分子中，生成重组 DNA 分子；②载体将目的基因转运到宿主细胞中，其中大肠埃希菌（Escherichia coli，俗称大肠杆菌）是最常用的宿主细胞；③载体在宿主细胞内复制，生成大量同一拷贝；④随着宿主细胞的分裂，重组

DNA 分子也传递到子细胞中，并随着载体进行进一步复制而增加拷贝数；⑤多次细胞分裂之后，产生一个由相同细胞组成的细胞群体，也就是克隆，此时携带目的基因的重组 DNA 分子也已被克隆。基因工程流程及应用如图 3-2 所示。

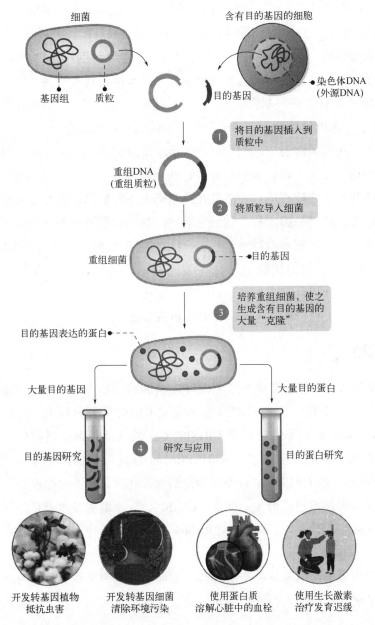

图 3-2　基因工程的流程及应用（见彩插）

为什么基因工程实验技术在生物学研究中具有如此重要的地位？这是因为它提供了一种纯净的基因样本，这些基因样本来源于个体细胞，且可以与细胞中的其他基因区分开来。一旦一个基因被克隆出来，就可以几乎无限制地获取有关这个基因结构和功能的相关信息。

经典的限制性内切酶克隆是基因工程的主要方法，然而，该技术的最大局限在于只能在限制性酶切位点进行序列修饰。近年来，基因工程取得了重大进展。一系列体内（生物内部）重组技术，如 Lambda Red 重组系统和 CRISPR/Cas 系统，取代了体外（实验室内）的基因工程技术，不再需要限制性内切酶或连接酶，从而可以更精确、更快速地获得实验结果。2010 年，世界上首个合成基因组问世；2012 年，CRISPR/Cas 编辑技术诞生，这种技术使得对几乎任何生物体的基因组进行轻松、特异性改造成为可能，并在 2020 年获得诺贝尔化学奖。这些新技术极大地推动了基因工程领域的发展（图 3-3），使科学家能够更深入地研究和理解基因的结构和功能。

经典基因工程技术涉及一系列步骤，包括载体的制备、外源基因的 PCR 扩增、限制性内切酶酶切、连接、转化和表达等，这些步骤构成了分子生物学操作的基础。只有掌握了这些基本的实验技能，才能够在此基础上不断提高，进行更为精细和复杂的分子生物学研究。在"基因工程"这一主题中，我们将通过对绿色荧光蛋白的克隆、转化和表达来学习一系列实验技术，包括质粒 DNA 的提取、聚合酶链式反应（PCR）、感受态细胞的制备、重组质粒的转化、荧光蛋白的诱导表达、琼脂糖凝胶电泳、SDS-PAGE 凝胶电泳以及荧光显微镜检测等。通过掌握这些基本技能，我们可以更好地理解和运用基因工程技术的实验设计思路和基本操作流程。

综合延伸问题：

1. 2020 年诺贝尔化学奖颁给了 CRISPR 基因编辑技术开发者，这是一种革命性的新型分子生物学工具。自从 1987 年首次发现 CRISPR 现象以来，它经历了飞速的发展。在 2007 年，科学家们证明了 CRISPR/Cas 的功能是细菌适应性免疫系统。在接下来的两年里，他们证明了二型 CRISPR/Cas 系统可以切割 DNA，然后在 2011年证实了 Cas9 是二型 CRISPR/Cas 系统所需的唯一基因。基于这些重要发现，2012 年CRISPR/Cas9 编辑技术正式诞生。此后，CRISPR/Cas9 编辑技术被广泛应用于各种领域。请通过查阅相关资料来了解 CRISPR/Cas9 编辑技术的作用原理及它在不同领域的应用。

2. *如果出现不明病原体感染的疫情，如何使用基因工程的手段对该病原体进行鉴定？如何开展大规模的人群筛查工作？请谈谈鉴定及检测手段开发过程中需要采用的基因工程技术。

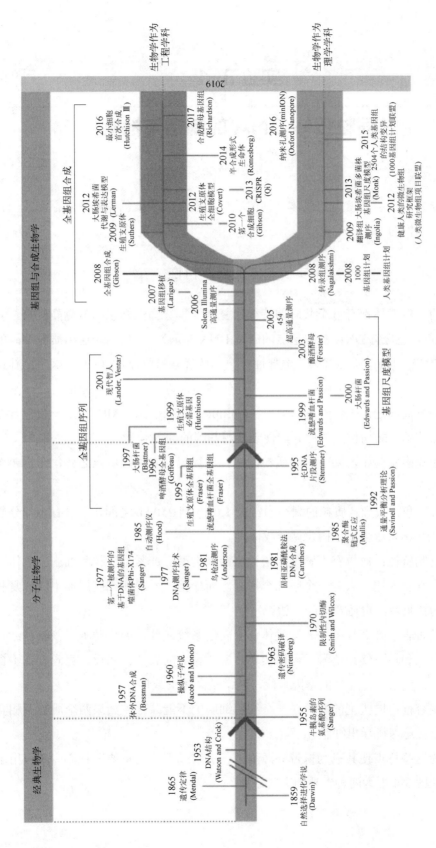

图 3-3　基因工程中的里程碑技术

（*Elife*, **2019**, 8）

实验 3-1

质粒载体 DNA 的制备与检测

在克隆方案中经常使用的载体是细菌质粒，它是细菌染色体外独立存在的一种双链闭合环状结构的 DNA 分子。

质粒载体的基本特性

所有的质粒载体都有三个共同的特征：复制子、选择性标记和多克隆位点。复制子（replicon）是含有 DNA 复制起点的一段 DNA（ori），也包括表达由质粒编码的复制必需的 RNA 和蛋白质的基因；选择性标记如四环素抗性基因（tet）、氨苄西林抗性基因（amp）等，用于确定质粒是否进入受体细胞，以及根据这个标记将受体细胞从其他细胞中分离筛选出来；多克隆位点（multiple cloning site，MCS）是一段包含多个限制性内切酶单一酶切位点的序列，便于外源基因的插入。

在基因克隆实验中，除了注意质粒的选择性标记、多克隆位点之外，还需要考虑以下特性：

（1）大小和拷贝数：质粒的大小通常在 1.0 kb 到 250 kb 之间，但只有小部分质粒（大多小于 10 kb）适合用于构建克隆载体。

（2）复制特性：质粒有严紧型和松弛型两种类型。严紧型质粒和细胞染色体同步复制，每个细胞内通常只有一个或几个拷贝。而松弛型质粒在细胞周期中随时复制，具有较多的拷贝数，更适合克隆表达。

（3）是否表达外源片段：表达载体包含表达系统元件，如启动子、核糖体结合位点、克隆位点和转录终止信号，可以实现外源 DNA 的表达。相反，克隆载体不含表达系统元件，仅用于保存目的基因片段，通常是高拷贝载体。

（4）相容性：同类型的质粒在一个细菌细胞中不能共存，如果两个质粒不相容，其中一个会被迅速排斥出细胞。

质粒的这些特点使其成为携带外源基因、扩增或表达的重要工具，广泛应用于基因工程中。图 3-4 中为两种经典的克隆载体。

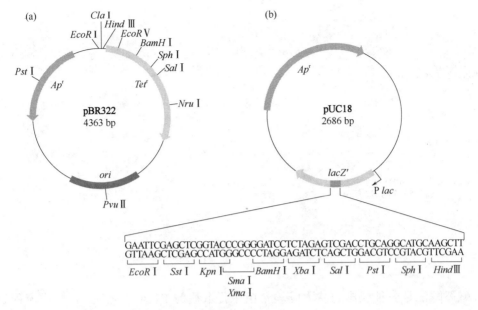

图 3-4　两种经典的克隆载体（见彩插）

（a）pBR322 载体图谱。它是最早被构建的质粒之一，许多载体都是由它衍生而来。拥有两套抗生素耐药基因，且每个抗性基因都拥有限制性酶切位点，支持多种不同黏性末端 DNA 片段的插入；高拷贝数，最高能达到 1000～3000。

（b）pUC18 载体图谱，带有氨苄西林抗性和 lacZ 基因，编码 10 个独特的限制性酶切位点

质粒提取和纯化的基本原理

在基因工程领域，质粒作为载体用于携带外源基因进入受体细胞。质粒的纯化和提取是分子生物学实验中最基本的技术和步骤，通常可以分为以下四个阶段：

（1）细胞培养和收集：首先，需要培养目标细菌细胞，这些细菌含有质粒。一旦细菌培养达到一定密度，可以将它们收集起来，通常通过离心来分离细菌细胞。

（2）细胞裂解：在这个阶段，使用适当的方法来裂解细菌细胞，使其释放出包括核酸、蛋白质等在内的细胞内物质。这可以通过机械方法、化学方法或酶的作用来实现。

（3）纯化：在这一步中，通过各种化学和物理方法，从细胞裂解物中分离出质粒 DNA 以外的所有成分。这包括去除蛋白质、RNA 和其他杂质，以获得高度纯化的质粒 DNA。

（4）质粒 DNA 的浓缩：经过纯化的质粒 DNA 可以通过浓缩的方法来得到，以增加其浓度和适用性，使其更容易用于后续的实验操作。

这些步骤是质粒纯化和提取的基本流程，它们对于成功进行基因工程实验和分子生物学研究至关重要。

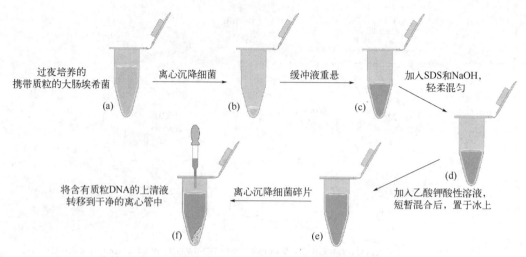

过夜培养的
携带质粒的大肠埃希菌　　　　离心沉降细菌　　　　缓冲液重悬　　　　加入SDS和NaOH，
轻柔混匀
(a)　　　　　　　　　　　(b)　　　　　　　　　(c)

(d)

加入乙酸钾酸性溶液，
短暂混合后，置于冰上

将含有质粒DNA的上清液　　　离心沉降细菌碎片
转移到干净的离心管中
(f)　　　　　　　　　　　　　(e)

图 3-5　碱裂解法分离质粒的操作流程（见彩插）

碱裂解法是一种经典的从大肠埃希菌中提取质粒 DNA 的方法。其操作流程如图 3-5 所示。这项技术基于染色体 DNA 与质粒 DNA 的变性与复性的差异，以实现它们的分离（图 3-6）。在细菌处于 pH 12.0～12.5 的碱性条件下，染色体 DNA 的氢键被断裂，导致双螺旋结构松散并发生变性。与此同时，质粒 DNA 的大部分氢键也发生断裂，但共价闭合环状的超螺旋的两条互补链并未完全分离。当向溶液中加入 pH 5.2 的乙酸钾高盐缓冲液以调节溶液 pH 至中性时，质粒 DNA 会迅速恢复其原始构型，保持在溶液中，而染色体 DNA 因无法复性，会杂乱地聚集在一起，形成不溶的交联网状物。通过离心，可以使染色体 DNA 与不稳定的大分子 RNA、蛋白质-SDS 复合物等沉淀而被去除，而只有纯净的质粒 DNA 留在悬液中。残余的蛋白质可以进一步用酚-氯仿-异戊醇萃取去除，其中氯仿可引起蛋白质变性并有助于水相和有机相的分离，而异戊醇则可以消除抽提过程中出现的泡沫。这种方法操作简便，适用于多种菌株，制备的质粒 DNA 具有较高的纯度和浓度，可满足多数 DNA 重组操作。

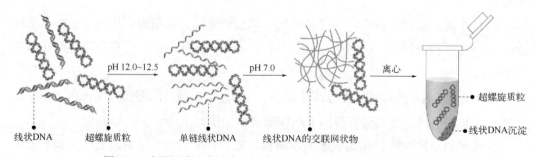

pH 12.0～12.5　　　　pH 7.0　　　　离心

超螺旋质粒

线状DNA沉淀

线状DNA　　　超螺旋质粒　　　单链线状DNA　　　线状DNA的交联网状物

图 3-6　碱裂解法分离质粒和细菌基因组 DNA 的原理（见彩插）

DNA 的纯化过程有多种方法。其中一种方法是使用试剂来降解杂质，从而保留 DNA。例如，可以使用苯酚来沉淀蛋白质。另一种方法是通过分步洗脱各种组分来实现 DNA 的纯化。目前，科研实验室通常使用试剂盒来进行 DNA 纯化，这显著提高了实验效率。这些试剂盒主要利用 DNA 对特定固定相（如二氧化硅或硅酸盐）的选择性吸附来进行 DNA 纯化。在高 pH 和高盐缓冲液条件下，DNA 会吸附在二氧化硅介质上，并在低盐浓度条件下被洗脱下来。这种吸附不依赖于碱基配对或拓扑结构的特征。通常，通过使用异硫氰酸胍等化合物，可以增强吸附过程，破坏核酸周围的水合层，使 DNA 与玻璃表面的阳性离子形成盐桥，从而更牢固地吸附在介质上。一旦 DNA 被吸附，它可以在含有乙醇的溶液中继续保持吸附，而其他生物大分子如 RNA 等则会被洗脱出来。最后，通过使用水溶液对吸附的 DNA 进行水化处理，可以将 DNA 洗脱下来并在洗脱液中回收。图 3-7 为通过酚-氯仿-异戊醇去除蛋白质杂质的流程示意图。

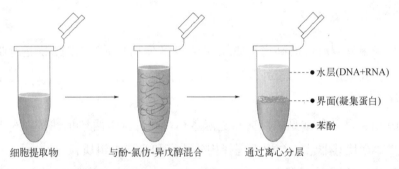

图 3-7　通过酚-氯仿-异戊醇去除蛋白质杂质的流程（见彩插）

在进行质粒抽提后，通常会采用紫外分光光度法来定量质粒的浓度和纯度。这是因为核酸中的嘌呤碱基和嘧啶碱基含有共轭双键，这使得核酸在紫外光区的波长范围 240～290 nm 处表现出强烈的吸收峰，其最大吸收峰位于 260 nm 左右。这一物理性质为测定核酸溶液浓度提供了基础。在波长 260 nm 的紫外光下，如果光程为 1 cm，当吸光度（A_{260}）等于 1 时，双链 DNA 的浓度为 50 μg/mL，而单链 DNA 或 RNA 的浓度为 40 μg/mL，单链寡核苷酸则为 20 μg/mL。在核酸样品中，往往存在一些常见的杂质，如蛋白质在 280 nm 处表现出强烈的吸收，而肽、盐和其他小分子则在 230 nm 吸收较强。因此，通过测定样品在 260 nm 和 280 nm 波长下的吸光度比值（A_{260}/A_{280}），可以估计核酸的纯度。通常情况下，A_{260}/A_{280} 比值在 1.8～2.0 之间，且 A_{230} 较小，被认为是具有足够高纯度的标志。目前市面上已经有微量紫外-可见分光光度计（图 3-8），可用于检测微量体积（1～2 μL）的核酸和蛋白质的吸光度，无须稀释即可测定高浓度的 DNA 溶液。

图 3-8　微量紫外-可见分光光度计

DNA 浓度计算公式（光程 1 cm）：$C(\mu g/mL) = A_{260} \times$稀释倍数$\times 50\ \mu g/mL$

一、实验设计

本实验采用碱裂解法对高拷贝质粒 pUC19 和低拷贝质粒 pET28a 进行提取，同时使用琼脂糖凝胶电泳技术和紫外分光光度法对提取产物的浓度和纯度进行鉴定。两种载体图谱如图 3-9 所示。

pUC19 质粒是一种常见的高拷贝克隆载体，具备氨苄西林抗性基因和丰富的酶切位点，这些特征使其非常适合用于选择构建位点和筛选重组质粒。

pET28a 质粒则是一种常见的低拷贝表达载体，携带卡那霉素抗性基因，并在构建位点的 N 端含有 6×组氨酸（6×His）标签。这一特点使其非常方便用于镍柱纯化重组蛋白或使用 His 抗体检测重组蛋白。

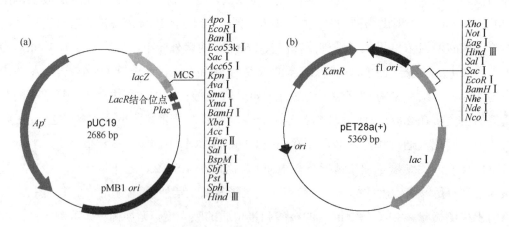

图 3-9　pUC19 和 pET28a 载体图谱（见彩插）

二、实验目的

1. 了解质粒载体的基本特性。
2. 掌握质粒提取的基本原理。
3. 掌握碱裂解法提取质粒的操作方法。
4. 掌握核酸电泳的原理和操作方法。

三、实验器材与试剂

1. 仪器耗材

恒温培养箱，恒温摇床，冷冻离心机，高压灭菌锅，紫外-可见分光光度计，凝胶成像仪，离心管等。

2. 材料

（1）菌种：含 pUC19 质粒的大肠埃希菌菌株 *E. coli* DH5α-pUC19，含 pET28a 质粒的大肠埃希菌菌株 *E. coli* DH5α-pET28a。

（2）培养基：LB 液体培养基。

（3）抗生素储备液：100 mg/mL 氨苄西林，50 mg/mL 卡那霉素。

3. 试剂

溶液 I：50 mmol/L 葡萄糖，25 mmol/L Tris-HCl，10 mmol/L EDTA，pH 8.0。

溶液 II：0.4 mol/L NaOH 和 2% SDS，在使用前室温等体积混匀。

溶液 III：3 mol/L KAc，2 mol/L HAc。

其他：酚-氯仿-异戊醇（25∶24∶1，体积比），无水乙醇，70%乙醇，RNase A，10000 bp DNA Marker，琼脂糖，TAE 电极缓冲液，6×上样缓冲液（loading buffer），DNA荧光染料等。

四、实验操作

1. 细菌的制备

① 挑取单菌落，接种到 2 mL 含有抗生素（抗生素储备液稀释 100 倍）的 LB 培养基中，在恒温摇床中振荡培养过夜（37 ℃，250 r/min，14～16 h）。

注意：确保培养物通气良好，培养管体积至少比菌液体积大 4 倍。

② 将 1 mL 培养物转移入 1.5 mL 离心管中，8000 r/min 离心 2 min，弃上清，收集菌体。

2. 细菌的裂解（冷冻离心机设为 4 ℃预冷）

① 用 100 μL 预冷的溶液 I 重悬细菌沉淀，涡旋振荡或移液枪吹吸重悬，使细菌在溶液 I 中完全分散。

注意： 溶液 I 和溶液 III 在使用之前用冰冷却，溶液 II 则应在使用之前在室温下新鲜配制。

② 加入 200 μL 新鲜配制的溶液 II，盖紧管口，轻柔颠倒离心管 3~5 次使内容物温和混匀，将离心管放置于冰上 3~5 min，此时内容物应呈透明状。

注意： 严格控制碱变性的时间，不超过 5 min。如质粒处于强碱性环境中时间过长，可发生不可逆变性。

③ 加入 150 μL 冰预冷的溶液 III，盖紧管口，反复轻柔颠倒离心管数次使内容物温和混匀，将离心管放置于冰上 5 min。

注意： 加入溶液 III 后，如未见大量白色沉淀，说明实验失败，应重做。

④ 12000 r/min 离心 5 min，将上清液转移到另一支干净离心管中并记录体积。

⑤ 加入等体积的酚-氯仿-异戊醇，振荡混匀。

安全警告： 酚和氯仿有很强的腐蚀性，操作时应该戴手套。

注意： 酚-氯仿-异戊醇溶液有两相，应取下层的溶液。

⑥ 12000 r/min 离心 5 min。将上层液体转移到另一支干净离心管中并记录体积。

3. 质粒 DNA 的回收

① 往上层液体中加入 2 倍体积的无水乙醇，盖紧离心管上下颠倒数次充分混匀，室温放置 3 min 沉淀双链 DNA。

② 12000 r/min 离心 5 min；小心吸弃上清液，尽量除去残留液体。

③ 加入 1 mL 70%乙醇洗涤 DNA 沉淀，轻摇液体（勿重悬），12000 r/min 离心 3 min，小心吸弃所有上清液。

④ 将离心管开口置于室温，使乙醇挥发至管内没有可见的液体（10~15 min）。

注意： 确保乙醇挥发干净，以免影响后续的实验。

⑤ 沉淀用 50 μL 去离子水溶液（含 20 μg/mL RNase A）溶解。

4. 浓度测定

① 吸光度法：取 10 μL 质粒 DNA 溶液用去离子水稀释到 1 mL，测定 260 nm 和 280 nm 下的吸光度，计算质粒 DNA 的浓度和得率（当 $A_{260} = 1$ 时，双链 DNA 的浓度

约为 50 μg/mL)。

② 电泳：1%琼脂糖凝胶电泳。

③ 上样：5 μL 样品+1 μL 6×上样缓冲液，总体积 6 μL；5 μL DNA Marker；电压设置 90 V，电泳 30 min；于凝胶成像系统上拍照。

注意：上样缓冲液的作用为增加样品密度保证 DNA 沉降入加样孔内；染料溴酚蓝使样品带有颜色方便上样，溴酚蓝在凝胶中以预定速率向阳极迁移，其速率与琼脂糖浓度无关。

五、注意事项

1．在培养细菌时，必须加入选择性压力以防止细菌污染和质粒丢失。

2．收集细菌时，确保去除多余的培养基，同时保持细菌在悬浮液中充分悬浮。

3．变性的时间不宜过长（5 min）以防止质粒断裂。

4．复性时间也不应过长，否则可能出现基因组 DNA 污染。

六、问题与思考

1．简叙溶液Ⅰ、溶液Ⅱ和溶液Ⅲ的作用，以及实验中分别加入上述溶液后，反应体系出现的现象及其成因。

2．简要叙述酚-氯仿-异戊醇抽提 DNA 体系后出现的现象及其成因。

3．沉淀 DNA 时，为什么要用无水乙醇及在高盐低温条件下进行？

4．影响 DNA 在琼脂糖凝胶中迁移速率的因素有哪些？

5．核酸电泳可以采用琼脂糖凝胶或聚丙烯酰胺凝胶，请比较二者的特点和适用范围。

6．有几种缓冲液适用于双链 DNA 的电泳，如 TAE 缓冲液、TBE 缓冲液和 TPE 缓冲液。这三种缓冲液的成分有哪些不同？请比较它们的特点及使用范围。

7．*如果你有一管大肠埃希菌培养液，里面混杂着一些仅含有 pBR322 的细菌和一些仅含有 pUC18 的细菌，如何将它们区分出来？

实验 3-2

PCR 技术扩增目的基因

聚合酶链式反应（polymerase chain reaction, PCR）几乎是所有现代分子克隆技术的基石。PCR 具备快速、高灵敏和操作简单等特点，即使是那些在高度复杂或大片段 DNA 中只出现一次的靶序列，也能以准指数增长的方式被快速、特异性地扩增，从而产生数百万的拷贝。自 20 世纪 80 年代初发展以来，PCR 技术已广泛应用于分子生物学的多个领域，包括 DNA 测序、基因突变分析、cDNA 和 gDNA 的克隆、等位基因鉴定等。

PCR 的原理

PCR 反应依赖于模板 DNA，引物是一对与模板的 5′末端和 3′末端相互补的寡核苷酸。在耐热 DNA 聚合酶（Taq 酶）的作用下，PCR 反应按照半保留复制机制进行，即引物在模板链上引导新的 DNA 合成，一直延伸到完整的 DNA 分子。通过多次循环 PCR 反应，前一循环的产物 DNA 可继续作为后一循环的模板，使目的 DNA 片段的数量按照 2^n 方式呈指数递增，因此该反应被称为链式反应。PCR 反应体系的基本成分包括：模板 DNA、特异性引物、耐热 DNA 聚合酶、dNTP（脱氧核苷三磷酸）以及含 Mg^{2+} 的缓冲溶液。

PCR 包括三个基本反应步骤：①变性。通过升温至约 95 ℃，使模板 DNA 完全解离成单链，同时消除引物自身和引物之间的局部双链结构。②退火。将温度降至适宜的退火温度，通常在 50~60 ℃，使两个引物与模板 DNA 中所要扩增的靶序列两侧按碱基配对原则结合。③延伸。将温度升至约 72 ℃（略低于 Taq 酶的最适温度 74 ℃），DNA 聚合酶催化 dNTP 加到引物的 3′末端，引物沿着靶 DNA 链由 5′端向 3′端延伸，合成与模板碱基完全互补的 DNA 链。上述三个步骤构成了一个 PCR 循环，图 3-10 为 PCR 扩增示意图。新合成的 DNA 分子将继续作为下一个循环的模板，通过 25~35 个循环，介于两个引物之间的靶序列将得到大量复制，拷贝数增加 10^6~10^7 倍。

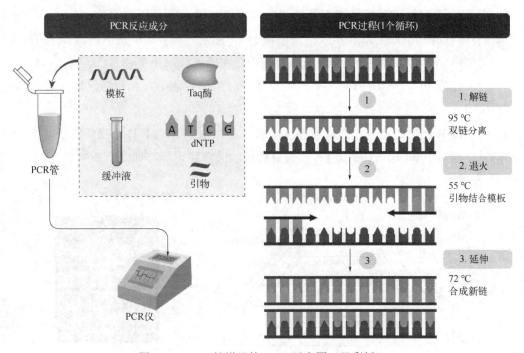

图 3-10　PCR 扩增目的 DNA 示意图（见彩插）

PCR 的成功往往依赖于引物的序列和精确的温度控制。为确保 PCR 能对目的 DNA 进行准确、特异和高效的扩增，引物设计通常需要遵循以下几项原则：①引物长度。引物长度通常应在 15～30 个核苷酸之间，最佳范围是 20～24 个核苷酸。②GC 含量。引物的 GC 含量应保持在 45%～55% 之间。③T_m 值。引物的解链温度（T_m 值）应高于 55 ℃，以确保引物与模板 DNA 的杂交稳定性。④引物非特异性配对。引物与模板 DNA 上的非特异性配对位点的碱基配对率不应超过 70%。⑤引物间配对碱基数。两条引物间的配对碱基数应小于 5 个。⑥引物自身配对。特别是引物的 3′末端不应形成较长的茎环结构，茎的碱基对数不应超过 3。引物设计受多种因素的影响，因此在实际应用中，建议使用专业的引物设计软件进行设计。此外，严格控制 PCR 反应的退火温度也至关重要，因为它会影响反应的特异性。理想的退火温度应该足够低，以确保引物与模板的杂交；但又要足够高，以避免误配杂交的发生。这个温度通常由引物-模板杂交结构的解链温度（T_m）决定，$T_m = (4 \times [G+C] + 2 \times [A+T])$ ℃。

PCR 产物的研究

在 PCR 反应之后，需要进行进一步的实验来研究 PCR 产物。通常有三种技术用于分析 PCR 产物：

（1）PCR 产物的凝胶电泳：琼脂糖凝胶电泳是常规的核酸分析方法（图 3-11），

可以用来检测 PCR 实验的成功与否，同时也可以获得一些额外的信息。例如，可以通过限制性内切酶处理 PCR 产物来检测模板 DNA 的酶切位点。此外，PCR 产物的大小可以用来确定模板 DNA 的扩增情况以及是否存在插入或缺失突变等。

（2）克隆 PCR 产物：将 PCR 产物克隆到适当的载体中，如质粒，以便进一步分析和应用。

（3）PCR 产物的测序：通过测序技术来确定 PCR 产物的具体序列，以获得更详细的信息。这对于基因组研究、遗传疾病分析和法医学鉴定等方面具有重要意义。

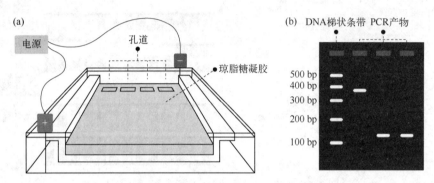

图 3-11　琼脂糖凝胶电泳检测 PCR 产物

一、实验设计

荧光蛋白已经为生物学研究带来了革命性的突破，基于荧光蛋白的分子探针和标记方法已经成为活细胞或活体内动态成像、研究生物大分子或细胞功能的关键工具。由于荧光蛋白可以在生物细胞中自主产生荧光，无须添加外源反应底物，因此它成了生物学和化学生物学领域的一种重要标记技术。绿色荧光蛋白（GFP）作为一种经典的荧光蛋白，已被广泛应用。当 GFP 的基因与待研究的蛋白质基因融合表达时，它可以作为目的基因表达的报告基因。GFP 能够在多种生物物种中表达，包括细菌、酵母、鱼类和哺乳动物。由于对 GFP 的发现和研究，科学家下村修、马丁·沙尔菲和钱永健荣获了 2008 年诺贝尔化学奖。

本实验采用 PCR 技术，从含有 GFP 基因的质粒 pET28a-*gfp* 中扩增 GFP 基因。在扩增的过程中，会产生一个 726 bp 大小的扩增片段，并在扩增片段末端插入酶切位点。这个实验旨在教授学生利用 PCR 技术制备特定基因片段并成功插入酶切位点的方法。

绿色荧光蛋白（GFP）的基因序列如下（5′→3′）：

CTATGCGGCCGCAGTAAAGGAGAAGAACTTTTCACTGGAGTTGTCCCAATTC
TTGTTGAATTAGATGGTGATGTTAATGGGCACAAATTTTCTGTCAGTGGAGAGGGT

GAAGGTGATGCAACATACGGAAAACTTACCCTTAAATTTATTTGCACTACTGGAAA
ACTACCTGTTCCATGGCCAACACTTGTCACTACTCTGACGTATGGTGTTCAATGCT
TTTCCCGTTATCCGGATCATATGAAACGGTATGACTTTTTCAAGAGTGCCATGCCCG
AAGGTTATGTACAGGAACGCACTATATCTTTCAAAGATGACGGGAACTACAAGAC
GCGTGCTGAAGTCAAGTTTGAAGGTGATACCCTTGTTAATCGTATCGAGTTAAAAG
GTATTGATTTTAAAGAAGATGGAAACATTCTCGGACACAAACTCGAGTACAACTAT
AACTCACACAATGTATACATCACGGCAGACAAACAAAGAATGGAATCAAAGCTA
ACTTCAAAATTCGCCACAACATTGAAGATGGATCCGTTCAACTAGCAGACCATTAT
CAACAAAATACTCCAATTGGCGATGGCCCTGTCCTTTTACCAGACAACCATTACCT
GTCGACACAATCTGCCCTTTTGAAAGATCCCAACGAAAAGCGTGACCACATGGTC
CTTCTTGAGTTTGTAACTGCTGCTGGGATTACACATGGCATGGATGAACTATACAA
ATAA

二、实验目的

1. 了解 PCR 反应的基本原理；了解引物设计的基本原则。
2. 掌握 PCR 反应体系的设计及反应程序的设置。
3. 了解 PCR 反应的各种影响因素。
4. 掌握利用 PCR 技术制备基因片段的基本原理和操作方法。

三、实验器材与试剂

1. 仪器

PCR 仪，台式高速离心机，琼脂糖凝胶电泳装置（电泳仪、电泳槽等），凝胶成像系统，电子天平，加热套或微波炉。

2. 材料

含绿色荧光蛋白（GFP）基因的质粒模板 pET28a-*gfp*。

3. 试剂

10×反应缓冲液，2.5 mmol/L dNTP 混合液，Taq DNA 聚合酶，1×TAE 电极缓冲液，6×上样缓冲液，DNA 荧光染料，DNA 分子量标记（1000 bp DNA Ladder），琼脂糖。

2.5 μmol/L 引物：正向引物 F_{GFP}（5′- CGGGAATTCTTATGCGGACGCAGTA-3′），反向引物 R_{GFP}（5′- GCGAAGCTTGCGGTTGTATAGTTCATCC-3′）。

四、实验操作

1. 冰上配制反应体系

按表 3-1 所示组分及用量冰上配制反应体系。

表 3-1　反应体系组分及用量

反应组分	用量/μL
模板 DNA	1（100 pg～200 ng）
正向引物（2.5 μmol/L）	2（10～15 pmol）
反向引物（2.5 μmol/L）	2（10～15 pmol）
10×反应缓冲液	2.5
2.5 mmol/L dNTP 混合液	2
Taq DNA 聚合酶	0.15
ddH₂O	补足至 25

注意：每个试剂加入后，注意轻弹混匀。

2. PCR 操作

将含有混合好的反应液的 PCR 管置入 PCR 仪中，依次设定预变性、变性、退火、延伸等步骤的温度和时间（表 3-2），运行程序。

表 3-2　PCR 反应的温度和时间设定

1 个循环	预变性	98 ℃	2 min
30 个循环	变性	98 ℃	10 s
	退火	60 ℃	15 s
	延伸	68 ℃	30 s
1 个循环	充分延伸	72 ℃	5 min

3. 琼脂糖凝胶电泳

① 称取 0.30 g 琼脂糖，加入 30 mL 的 1×TAE 电极缓冲液，摇匀；在微波炉或电热套上加热至琼脂糖完全溶解。

注意：琼脂糖加热过程中注意观察，间歇加热，防止暴沸。

② 琼脂糖溶液冷却到 50～60 ℃，加入 3 μL DNA 荧光染料，轻轻摇匀。

③ 将琼脂糖溶液全部倒入制胶板中，注意防止气泡产生，插入适当的梳子，在室温下避光冷却凝固。

注意：此操作注意避光，防止荧光猝灭；倒胶尽量防止气泡产生，若产生较大的气泡可用干净的枪头挑破。

④ 凝胶凝固后，小心垂直向上拔出梳子，以保证点样孔完好。

⑤ 将凝胶置入电泳槽中，加 1×TAE 电极缓冲液至液面高于凝胶表面 3～5 mm。

⑥ 配制上样液：5 μL 样品+1 μL 6×上样缓冲液，总体积 6 μL；5 μL DNA Ladder。

⑦ 将上样液依次加入到点样孔中，调节电压为 90 V，电泳约 30 min。

⑧ 电泳完成后，将凝胶放置于凝胶成像系统，打开紫外灯观察，并拍照保存。

五、注意事项

1. 在 PCR 体系调制过程中，尽量减少污染机会，防止微量杂质模板 DNA 污染反应体系。

2. PCR 管、离心管、Tip 头和缓冲液等都应在使用前进行灭菌处理。

3. Taq DNA 聚合酶应在最后加入，并在冰上操作。

六、问题与思考

1. 影响 PCR 扩增反应效率和扩增特异性的因素有哪些？

2. 为什么 GC 和 AT 碱基之比能决定解链温度？

3. 当电泳检查发现没有任何扩增产物或产生许多非特异性产物时，应如何分析和解决？

4. *普通 PCR 衍生出了多种 PCR 技术，如实时荧光定量 PCR、逆转录 PCR、Digital PCR 等。请查找资料，列出 3 种 PCR 衍生技术的原理和适用范围。

5. *目前有哪些核酸扩增/检测手段可以替代普通 PCR？

实验 3-3

外源基因的转化与表达

外源 DNA 与载体完成酶切、连接并构建出重组 DNA 分子之后，下一个步骤涉及将这些分子引入活细胞中，并随着活细胞的生长和分裂而产生克隆。在严格意义的术语中，"克隆"一词仅涵盖了转化和扩增的过程，并不包括重组 DNA 分子构建本身。

转　化

转化的主要目的有两个方面。首先，它旨在生产大量的重组 DNA 分子，通常只需提供纳克数量级的重组 DNA，就可以从一个细菌克隆中获得微克级的重组 DNA，而在液体培养基中，甚至能够得到毫克级的 DNA 产量，即产量得到了百万倍的增加。其次，它也用于纯化重组 DNA 分子，因为在构建重组 DNA 分子的连接反应混合物中，包含了未连接的载体、DNA 片段、自连接载体以及插入错误 DNA 片段的重组 DNA 分子。未连接的载体和 DNA 片段即使被转化到细胞中，也难以复制；而自连接载体和插入错误 DNA 片段的重组 DNA 分子虽然可以在细胞中复制，但可以通过其他方法（如使用特殊培养基、PCR、测序）进行筛选和排除。

绝大多数种类的细菌，包括大肠埃希菌，通常只能在正常情况下获取有限数量的 DNA。为了高效地进行这些细菌的转化，不得不让细菌经历一些物理或化学处理以增加它们获取 DNA 的能力。化学转化和电穿孔是非常常用的两种高效将质粒 DNA 转化入大肠埃希菌的方法。

在化学转化中，使用含有 Ca^{2+} 的溶液温育细菌，其中 Ca^{2+} 的存在具有以下功能：①在细菌细胞膜上制造孔隙；②中和 DNA 上的负电荷；③促使 DNA 与膜结合。这种处理后的细胞被称为化学感受态细胞。然后，通过热激（42 ℃）来协助建立 DNA 通过膜的通道，产生温度梯度，从而将 DNA 引入细胞内。使用化学转化的简单步骤，通常可以使每毫克超螺旋质粒 DNA 产生 $10^5 \sim 10^6$ 个大肠埃希菌转化菌落。图 3-12 为感受态细菌细胞对 DNA 的结合和吸收。

电穿孔是一种更快、更有效的转化方法。在电穿孔过程中，电流会在细胞膜上形成瞬时的疏水"孔隙"，从而允许外源分子进入细胞。这种技术可以用来将核苷酸、DNA、RNA、蛋白质、糖类、染料和病毒颗粒等引入原核和真核细胞。电穿孔通常在

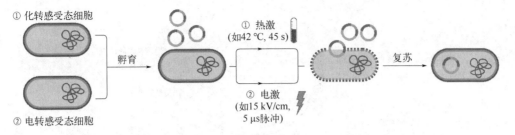

图 3-12 感受态细菌细胞对质粒 DNA 的结合和吸收（见彩插）

0 ℃下进行，以减少焦耳热对细胞的损伤。电穿孔成功的关键因素之一是要对细胞进行充分的清洗，以去除培养基中的盐，并确保质粒溶液的纯度，特别是盐含量。最初开发这种方法是为了将 DNA 引入真核细胞，但由于其高效的转化效率，后来也被用于构建需要高转化效率的细菌基因文库。对于一般的克隆等应用，导入 DNA 的效率不是限制因素，因此更简单和经济的化学转化通常足以满足实验需求。

在每次转化实验中，应该设置阳性对照，即使用已知量的环状超螺旋质粒 DNA，通过标准方法转化到感受态细胞中。这样可以用来测定本次转化的效率，并提供与之前转化实验进行比较的参照，以评估转化效果。同时，还应设置阴性对照，即在转化实验中将感受态细胞与 DNA 无关物质一同处理，以排除可能的污染，并鉴定导致实验失败的潜在原因。如果在阴性对照中出现菌落生长，应考虑以下可能性：感受态细胞受到了耐药菌的污染；选择性平板未添加抗生素，或者在转化过程中受到了耐药菌株的污染。

克隆基因的表达

如果只是将外源基因简单地插入标准载体中，并不能实现大量合成重组蛋白质的目标。这是因为克隆基因的表达受一系列被细菌识别的信号控制，这些信号由一些短的核苷酸序列组成，指导基因在细胞内的转录和翻译过程。在大肠埃希菌中，基因表达的三个重要信号包括启动子、核糖体结合位点和终止子。那么，如何解决外源基因在大肠埃希菌中的表达问题呢？答案是，确保在将外源基因插入载体时，其正好位于一系列大肠埃希菌表达信号的控制下，外源基因就可以在细菌中被正确地转录和翻译。这种提供外源基因所需的转录和翻译信号的克隆载体称为表达载体（expression vector）。常见表达载体的结构如图 3-13 所示。

启动子是表达载体中至关重要的组成部分，它决定了基因表达的起始时间和mRNA 合成速度，因此在选择启动子时必须非常慎重。通常，启动子可以分为两类：强启动子和弱启动子。为了确保克隆基因能够得到最大程度的转录，表达载体需采用强启动子。此外，还需要考虑如何对启动子进行调控。在大肠埃希菌中，主要有诱导

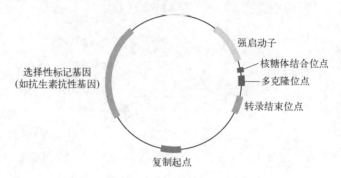

图 3-13　常见表达载体的结构（见彩插）

和阻遏两种基因调控方式。诱导型基因的转录可以通过向培养基中添加某种化学物质（通常是酶的底物）来激活基因；与此相反，在阻遏型调控中，加入调节物质后，基因表达会被抑制。一些常见的启动子包括乳糖启动子（lac promoter，用于调控编码 β-半乳糖苷酶的 lacZ 基因，可以通过 IPTG 诱导）、T7 启动子（T7 promoter，特定于 T7 噬菌体编码的 RNA 聚合酶，也可以通过 IPTG 诱导）、色氨酸启动子（trp promoter，易受色氨酸阻遏，更易被 3-β-吲哚丙烯酸诱导）等。除了可调节的强启动子之外，还需要包括大肠埃希菌核糖体结合序列和终止子在内，这些表达信号组合成一个序列模块（cassette）。

监测蛋白质表达——SDS-聚丙烯酰胺凝胶电泳

SDS-聚丙烯酰胺凝胶电泳（SDS-PAGE）是一种常用于蛋白质定性分析的电泳技术，它使用由单体丙烯酰胺和交联剂 N,N-亚甲基双丙烯酰胺聚合而成的凝胶作为介质。聚丙烯酰胺凝胶的孔径与蛋白质的大小接近，因此提高了对蛋白质的分辨能力。SDS-PAGE 具有操作简单、重复性好、凝胶透明易于染色观察等优点。

在进行 SDS-PAGE 时，需要将十二烷基硫酸钠（SDS）和 β-巯基乙醇添加到电泳样品中。SDS 是一种阴离子表面活性剂，它能够断开蛋白质分子内部和分子间的氢键，破坏蛋白质的二级和三级结构。β-巯基乙醇可以断开半胱氨酸残基之间的二硫键，破坏蛋白质的四级结构。电泳样品添加了 SDS 和 β-巯基乙醇后，需要在沸水中煮 10 min，以确保 SDS 与蛋白质充分结合，使蛋白质完全变性和解聚，形成线性结构。由于 SDS 和蛋白质充分结合，平均每两个氨基酸残基会结合一个 SDS 分子，使得复合物带有大量负电荷。这导致蛋白质本身的电荷被 SDS 所遮盖，从而消除了各种蛋白质本身电荷上的差异。

传统的 SDS-PAGE 包括浓缩胶和分离胶两个部分。在电泳过程中（其原理及示意图见图 3-14），样品首先通过浓缩胶，由于等速电泳的特性，蛋白质被浓缩。随后，样品进入分离胶，蛋白质根据其分子量的大小以不同的速率进行电泳，向正极移动。由于蛋白质在单位长度上带有相等的电荷，因此以相同的速率进入分离胶。在分离胶中，由于聚丙烯酰胺的分子筛作用，小分子蛋白质具有较小的阻力，迁移速率较快，而大分子蛋白质则具有较大的阻力，因此迁移速率较慢。这样，蛋白质在电泳过程中根据其分子量的大小而被有效地分离。

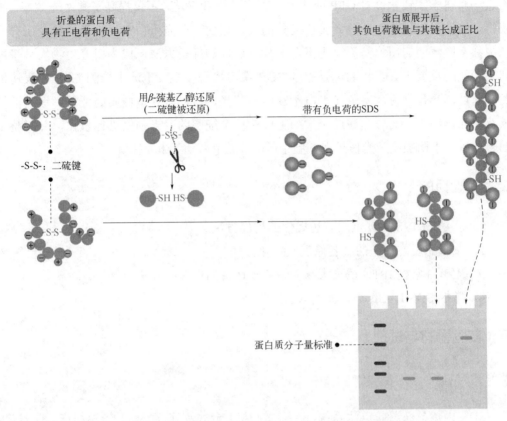

图 3-14　SDS-PAGE 凝胶电泳原理及示意图（见彩插）

一、实验设计

本实验使用大肠埃希菌 BL21（DE3）作为宿主，这是基因工程中常用的表达菌株。其基因型为：*fhuA2 [lon] ompT gal (λ DE3) [dcm] ΔhsdS，λ DE3 = λ sBamHIo ΔEcoRI-B int::(lacI::PlacUV5::T7 gene1) i21 Δnin5*。该菌株染色体整合了 λ 噬菌体 DE3 区（DE3 区含有 T7 噬菌体 RNA 聚合酶），因此可以同时表达 T7 RNA 聚合酶和大肠埃希菌聚合酶。这使得它成为外源基因高效蛋白质表达的理想宿主，适用于 pET、pGEX、pMAL 等系列质粒的蛋白质表达。在本实验中，我们使用了重组质粒 pET28a-*gfp* 进行转化。该质粒编码了抗卡那霉素的基因，并且含有 T7 调节型强启动子，因此具备高表达的特性。这使得在实验操作中不仅可以使用氨苄西林来筛选克隆菌株，还可以通过添加异丙基-*β*-D-硫化半乳糖苷（IPTG）来诱导表达绿色荧光蛋白（green fluorescent protein,

GFP），从而产生绿色荧光。GFP 是由日本科学家下村修从发光水母中纯化得到的一种能够发射绿色荧光的蛋白质。由于其卓越的荧光特性，生物学和医学研究人员可以将 GFP 融合表达于他们感兴趣的蛋白质上，从而实时观察研究对象的动态行为。此后，美籍华裔科学家钱永健对 GFP 的序列进行了改造和筛选，不仅提高了其发光效率，还获得了能够发射红色、蓝色、黄色荧光的荧光蛋白。荧光蛋白在生物学的各个研究领域中都有广泛的应用，基于荧光蛋白的分子探针和标记方法已成为研究生物大分子或细胞功能的重要工具。我们可以通过 SDS-聚丙烯酰胺凝胶电泳来检测 GFP 的表达情况。通过荧光显微镜观察荧光蛋白所发出的荧光，可以研究蛋白质的位置、运动活性以及相互作用等。此外，通过流式细胞仪对单个细胞的荧光强度进行量化，并对整个细胞群体中不同强度荧光信号在细胞中的分布进行统计分析。

二、实验目的

1. 理解 pET28a-*gfp* 重组表达载体的构建方法。
2. 掌握感受态细胞的制备原理及转化方法。
3. 理解并掌握 IPTG 诱导大肠埃希菌表达目的蛋白的方法。
4. 掌握 SDS-PAGE 垂直板电泳的操作技术。

三、实验器材与试剂

1. 仪器

SDS-丙烯酰胺凝胶电泳系统，冷冻离心机，台式高速离心机，恒温摇床，培养箱，恒温金属浴，高压灭菌锅，紫外-可见分光光度计，超净工作台，凝胶成像系统，荧光显微镜等。

2. 材料

（1）菌种：大肠埃希菌 BL21（DE3）。
（2）质粒：重组质粒 pET28a-*gfp*。

3. 试剂

LB 液体培养基（每 100 mL：0.5 g 酵母提取物，1 g 胰化蛋白胨，1 g NaCl，加蒸馏水 100 mL，用 5 mol/L NaOH 调节至 pH 7.4，高压蒸汽灭菌），LB 固体培养基（每 100 mL：0.5 g 酵母提取物，1 g 胰化蛋白胨，1 g NaCl，1.5 g 琼脂，加蒸馏水 100 mL，用 5 mol/L NaOH 调节至 pH 7.4，高压蒸汽灭菌），0.1 mol/L CaCl$_2$ 溶液，80%甘油，50 mg/mL 卡那霉素储备液（工作浓度为 50 μg/mL），Kana 选择性 LB 液体培养基，Kana

选择性 LB 固体培养基，200 mm 异丙基-β-D-硫化半乳糖苷（IPTG）溶液，1.0 mol/L Tris-HCl 缓冲液（pH 6.8），1.5 mol/L Tris-HCl 缓冲液（pH 8.8），0.05 mol/L Tris-HCl 缓冲液（pH 8.0），双蒸水，4×蛋白质加样缓冲液，标准蛋白质溶液，30%丙烯酰胺储备液，10% SDS 溶液，10%过硫酸铵（ammonium persulphate，AP）溶液，四甲基乙二胺（tetramethylethylene- diamine，TEMED，4 ℃避光保存），固定液（取 50%甲醇 454 mL，冰醋酸 46 mL 混匀），染色液（称取考马斯亮蓝 R250 0.125 g，加上述固定液 250 mL，过滤后备用），脱色液（冰醋酸 75 mL，甲醇 50 mL，加蒸馏水定容至 1000 mL）。

四、实验操作

1. 大肠埃希菌感受态的制备

全部实验均需在无菌环境下进行，超净工作台使用前需开紫外灯灭菌 20 min，开紫外灯时勿开鼓风装置；双手经 75%酒精消毒后才能进入超净工作台中操作；所用试剂耗材需要经过高压灭菌。

① 用无菌接种环蘸取冻存的大肠埃希菌贮存液 BL21（DE3），划线培养（图 3-15），37 ℃培养 14～16 h。

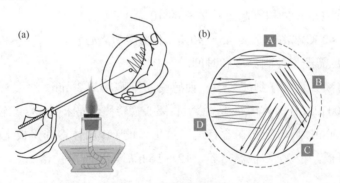

图 3-15　平板划线接种法

② 用灭菌牙签挑取分隔良好的单菌落转移到 2 mL LB 液体培养基中，37 ℃摇床过夜培养（250 r/min，14～16 h）。

③ 取 500 μL 过夜培养的菌液，接种于 50 mL LB 液体培养基中，37 ℃摇床培养至 OD_{600} 值达 0.4～0.6，置于冰水混合液中冰浴，期间轻摇旋转锥形瓶，使菌液迅速冷却至 0 ℃。

④ 将冷却的菌液在酒精灯火焰旁倒入灭菌的 50 mL 离心管（冰上预冷）中，盖紧管盖，冰浴 10 min。

注意：转化态细胞应尽量保持低温，离心管应提前预冷。

⑤ 4 ℃、4000 r/min 离心 10 min，弃上清液，倒置于灭菌的滤纸上扣干。

⑥ 加 10 mL 冰预冷的 0.1 mol/L CaCl$_2$ 溶液悬浮菌体，冰浴 10 min。

注意：此时细胞壁打开，细菌十分脆弱，重悬一定要轻轻吹吸，防止细胞破裂。

⑦ 4 ℃、4000 r/min 离心 10 min，充分弃上清液后加 0.5 mL 冰预冷的 0.1 mol/L CaCl$_2$ 溶液，小心悬浮菌体，即成感受态细胞悬液。

⑧ 将感受态细胞分装到灭菌的 1.5 mL 离心管中，每管 100 μL，4 ℃冰箱保存（12～24 h）。取其中两管用于后续转化实验。暂且不用的感受态细胞需用含 15%甘油的 0.1 mol/L CaCl$_2$ 溶液重悬，贮存于-80 ℃，可保存半年。

2. 重组质粒转化 *E. coli* BL21(DE3)

注意：本部分所用试剂耗材需要经过高压灭菌，步骤④～⑥要在超净工作台进行。

① 在 1.5 mL 离心管中配制如表 3-3 转化体系，温和混匀后冰浴 30 min。

表 3-3 转化体系配制

类型	感受态细胞	重组质粒	ddH$_2$O
空白对照	100 μL	0	2 μL
转化体系	100 μL	2 μL	0

注意：每管 DNA 体积不超过总体积的 10%。

② 热激：42 ℃水浴中放置 45～90 s，不要摇动离心管。

注意：此步需严格控制温度和时间。

③ 快速将离心管转移到冰浴中，使感受态细胞冷却 3 min。

④ 加入 500 μL LB 液体培养基，然后将离心管转移至摇床上，37 ℃轻摇培养 30 min。

⑤ 各取 100 μL 均匀涂布在含有适当抗生素的 LB 固体培养平板上。

⑥ 倒置平板，于 37 ℃恒温培养，12～16 h 后可出现单菌落。

3. 克隆菌的小量诱导表达

注意：本部分步骤①～③需要在超净工作台进行。

① 从平板中挑取单菌落，接种于 2 mL 含卡那霉素的 LB 液体培养基中，37 ℃摇床振荡培养过夜。

② 取 50 μL 过夜培养的菌液接种于 2 mL 含卡那霉素的 LB 液体培养基中，37 ℃摇床振荡培养约 2 h，使 OD_{600} 达 0.3～0.4。

③ 加入 2 μL 0.5 mol/L IPTG（终浓度 0.5 mmol/L），30 ℃轻摇诱导培养 3 h。

④ 取 1 mL 菌液于 1.5 mL 离心管中，10000 r/min 离心 1 min，弃上清液收集菌体。

⑤ 用 75 μL 超纯水悬浮菌体，加入 25 μL 4×蛋白质加样缓冲液，100 ℃金属浴 10 min。

⑥ 12000 r/min 离心 5 min，将上清液转移到另一支干净离心管，-20 ℃冻存备用。

4．SDS-PAGE 检测目的蛋白的表达状况

(1) 制胶

① 将玻璃板用蒸馏水洗净晾干，准备 2 个干净的 50 mL 离心管。

② 将凹玻璃板与平玻璃板重叠，将两块玻璃板夹住放入电泳槽主体内，然后插入斜插板挤紧玻璃板将电泳槽主体放在制胶器上固定，封闭凝胶腔底部的夹缝；用去离子水检查是否漏液。

③ 分离胶的制备：如表 3-4 所示，配制 12%分离胶 10 mL，混匀后立即用细长头的滴管或者移液器灌注于凝胶腔内（胶中不能出现气泡），加胶高度距样品模板梳齿下缘约 1 cm。轻轻加入适量无水乙醇覆盖于凝胶顶部，用于隔绝空气，以保持凝胶凝固后表面平整。

表 3-4　12%分离胶的配制

试剂	用量
双蒸水（ddH$_2$O）	3.3 mL
30%丙烯酰胺溶液	4.0 mL
1.5 mol/L Tris-HCl 缓冲液（pH 8.8）	2.5 mL
10% SDS 溶液	0.1 mL
10%过硫酸铵溶液	0.1 mL
TEMED	0.01 mL

④ 浓缩胶的制备：待分离胶凝固后，倾去乙醇，以双蒸水清洗凝胶表面，用滤纸吸干水分，随即配制 4%浓缩胶 4 mL（浓缩胶的配制见表 3-5），取适量灌注于分离胶上，插入梳子。

表 3-5　4%浓缩胶的配制

试剂	用量
双蒸水（ddH$_2$O）	2.75 mL
30%丙烯酰胺溶液	0.67 mL
1.0 mol/L Tris-HCl 缓冲液（pH 6.8）	0.5 mL
10% SDS 溶液	0.04 mL
10%过硫酸铵溶液	0.06 mL
TEMED	0.006 mL

⑤ 待浓缩胶聚合凝固后，把电泳槽主体从制胶器上取下，放入电泳槽，将缓冲液加至内槽玻璃凹口以上，小心取出梳子，外槽缓冲液加到距平玻璃下沿 3 cm 处即可电泳。注意避免在胶室下端出现气泡。

(2) 样品的处理

① 取 1 mL IPTG 诱导好的菌液于 1.5 mL 离心管中，10000 r/min 离心 1 min，弃上清液收集菌体。

② 用 75 μL 超纯水悬浮菌体，加入 25 μL 4×蛋白质加样缓冲液，100 ℃金属浴 5 min。

③ 取 12 μL 标准蛋白质溶液于离心管中，100 ℃金属浴加热 5 min。

④ 12000 r/min 离心 5 min，将上清液转移到另一支干净离心管。

(3) 加样

用微量进样器移取 10 μL 裂解好的样品，通过缓冲液，小心地将样品加到凝胶凹形样品槽底部，由于样品溶解液中含有相对密度较大的蔗糖或甘油，因此样品溶解液会自动沉降在凝胶表面形成样品层。待所有样品上样完毕，即可开始电泳。每板加 1 个蛋白质标准分子量样品（Marker）5 μL。

(4) 电泳

① 将直流稳压电泳仪的正极与下槽连接，负极与上槽连接（方向切勿接错），打开电泳仪开关，样品进入分离胶前电压控制在 80 V。

② 当样品中的溴酚蓝指示剂到达分离胶之后，将电压调至 120 V，电泳过程应保持电压稳定。

③ 当溴酚蓝指示剂迁移到距前沿约 1 cm 处时，停止电泳，需 1～2 h。

(5) 染色和脱色

① 电泳结束后，取出胶框，细心剥胶，并将剥离的胶片放入大培养皿中，用蒸馏水漂洗胶片 3 次。

② 用 Coomassie R250 染色液摇床染色 3～5 min。

③ 倾去染色液，用脱色液漂洗胶片，脱去背景颜色。

(6) 结果处理

脱色后，直接观察和分析蛋白质的表达状况，并在凝胶成像系统上拍照保存。标出 Marker 中各个条带的大小，分析表达蛋白的大小是否正确。

注意：由于实验所用的是高表达质粒载体，目的基因获得高表达，其表达产物通常是工程菌中含量最多的蛋白质，在电泳图谱上呈现最大、染色最深的区带便是目的蛋白带，即绿色荧光蛋白带；根据标准蛋白质的分子量还可以估算目的蛋白的分子量。

5. 荧光显微镜检测蛋白质表达情况

① 吸取 5 μL 诱导后的菌液样本于载玻片上，轻轻盖上盖玻片。

注意：显微镜制样时请避免产生气泡。

② 使用荧光显微镜 100×油镜观察并拍摄样品的明场和荧光场，荧光场激发波长 488 nm，曝光时间 5 μs。

注意：拍摄荧光场时，一个区域最好只曝光一次。

五、注意事项

1. 整个转化操作过程应在无菌和低温下进行，防止杂菌和杂 DNA 污染。

2. 获得高转化效率的关键是感受态细菌的制备，应通过监测培养液的 OD_{600} 严格控制细菌的生长状态和密度，以确保刚进入对数生长期。

3. 加入 $CaCl_2$ 后的细菌较为脆弱，操作时应温柔处理。

4. 制胶之前必须检漏，若发现漏液，需重新安装玻璃板并再次检漏。

5. 未聚合的丙烯酰胺具有神经毒性，操作时应戴手套，注意安全。

6. TEMED 应在通风橱中加入。

六、问题与思考

1. 为什么制作感受态细胞时必须保持低温？

2. 哪些因素影响体系转化率？

3. 转化涂板后，如果平板上没有菌落长出或者只有极少数的菌落长出，分析其可能存在的原因？

4. 在不连续体系 SDS-PAGE 中，当分离胶加完后，需在其上加一层水或无水乙醇，为什么？

5. 电泳缓冲液与分离蛋白质等电点之间是什么关系？

6. 在不连续体系 SDS-PAGE 中，分离胶与浓缩胶中均含有 TEMED 和 AP，试述其作用？

7. 影响 SDS-PAGE 电泳分离的因素有哪些？

8. *利用大肠埃希菌表达重组蛋白表达量低甚至表达失败，可能是什么原因造成的？请从外源基因序列和宿主这两方面进行分析。

参考文献

[1] Doudna J A, Charpentier E. The new frontier of genome engineering with CRISPR-Cas9[J]. Science, 2014, 346 (6213): 1258096.

[2] Zhang C, Wohlhueter R, Zhang H. Genetically modified foods: A critical review of their promise and problems[J]. Food Science and Human Wellness, 2016, 5(3): 116-123.

[3] Sanger F, Nicklen S, Coulson A R. DNA sequencing with chain-terminating inhibitors[J]. Proceedings of the National Academy of Sciences of the United States of America, 1977, 74 (12): 5463-5467.

[4] Cohen S N, Miller C A. Non-chromosomal antibiotic resistance in bacteria. 3. Isolation of the discrete transfer unit of the R-factor R1[J]. Proceedings of the National Academy of Sciences of the United States of America, 1970, 67 (2): 510-516.

[5] Calvin N M, Hanawalt P C. High-efficiency transformation of bacterial cells by electroporation[J]. Journal of Bacteriology, 1988, 170 (6): 2796-2801.

[6] Brown T A. Gene cloning and DNA analysis: an introduction[M]. Wiley-blackwell: 2020.

[7] Lodge J, Lund P, minchin S, Gene cloning[M]. Taylor & Francis: 2006.

[8] Lachance J C, Rodrigue S, Palsson B O. Minimal cells, Maximal knowledge[J]. Elife, 2019, 8.

[9] Birnboim H C, Doly J. A rapid alkaline extraction procedure for screening recombinant plasmid DNA[J]. Nucleic Acids Research, 1979, 7 (6), 1513-1523.

[10] Boom R, Sol C J A, Salimans M M M, et al. Rapid and Simple Method for Purification of Nucleic-Acids[J]. Journal of Clinical Microbiology, 1990, 28 (3): 495-503.

[11] Saiki R K, Gelfand D H, Stoffel S, et al. Primer-directed enzymatic amplification of DNA with a thermostable DNA polymerase[J]. Science, 1988, 239 (4839): 487-491.

[12] Cormack B P, Valdivia R H, Falkow S. FACS-optimized mutants of the green fluorescent protein (GFP)[J]. Gene, 1996, 173 (1 Spec No), 33-38.

附 2：软件资源

分子生物学综合软件	DNAman、Snapgene、Vector NTI
序列查找	NCBI、Addgene
引物设计	Primer Premier、Oligo
序列比对	ClustalX

附3：微生物实验基本操作

一、无菌操作注意事项

无菌操作法是指整个过程控制在无菌条件下进行的一种操作方法。

（1）戴手套操作，操作前用75%酒精擦拭手和工作区域，降低污染概率。

（2）所有器皿（培养皿、锥形瓶、培养管等）放入超净工作台前，先喷洒75%酒精。

（3）正确放置器皿，充分考虑操作时便于取放，同时也可避免在操作时由于动作过大而导致大范围的气流运动，降低污染的概率。

（4）观察酒精灯内是否有足量酒精，如没有酒精，要先进行添加，一般不超过灯内空间2/3，点燃酒精灯。

（5）打开试管或瓶子时，将瓶口周缘在酒精灯上过火一下（以杀灭可能黏附在瓶口外的杂菌，但切莫让瓶口在火焰中久留，以防瓶口过热而引起爆裂），瓶塞也稍微过火一下。

（6）瓶子或培养皿打开操作过程中，瓶口始终维持在火焰无菌操作区域内（酒精灯火焰20 cm内），同时瓶口朝向火焰。

（7）完成无菌操作离开工作台前，拿起灯盖从灯芯侧面盖上盖子，熄灭酒精灯。

二、细菌平板划线法培养分离单菌落

细菌平板划线接种法示意见图3-15。

（1）灼烧接种环：选取平整、圆滑的接种环。手握接种环的胶木柄，将镍铬丝环扣先在火焰的氧化焰部位灼烧至红，然后将可能伸入试管的环以上部分均匀地通过火焰，以杀灭可能携带的杂菌，然后将接种环维持在火焰旁的无菌操作区域内。

（2）挑取菌样：将灭过菌的接种环伸入菌种管中，用环的前缘部位蘸取少量菌液，然后在无菌操作区域内转移带菌接种环至待划线平皿。

（3）划线A区：左手手掌托住培养皿底部，大拇指轻抬皿盖，让平皿面向火焰。右手持含菌的接种环，先在A区轻巧地划3～4条连续的Z字形当作初步稀释的菌源。烧去接种环上的残余菌样。

（4）划线其余区域：将烧去残菌后的接种环在平皿培养基边缘冷却一下，并使B区转至划线位置，把接种环与A区（菌源区）轻触并移至B区，随即在B区轻巧地划上6～7条不再与A区接触的致密的Z字形，接着再以同样的操作在C区和D区划上更多的平行线以获得单菌落区域。盖好皿盖，烧去接种环上的残菌。

（5）将平皿背面标记好菌种名称、接种日期、接种人，将琼脂平皿倒放在适当温度培养箱过夜培养。

三、挑取单菌落液体培养

（1）灼烧镊子：将镊子前端在酒精灯外焰灼烧充分，将前半部分均匀地通过火焰，以杀灭可能携带的杂菌，然后将镊子维持在火焰旁的无菌操作区域内。

（2）打开培养管，管口和管盖分别过火。

（3）右手持镊子夹起一根灭菌牙签，左手将培养皿反面拿起，稍微打开盖子，用牙签挑取单一菌落，快速将牙签丢入带有培养基的培养管中。

（4）注意挑选远离菌苔的单菌落，菌落不要过大。

（5）培养管前端再次过火后盖好（注意不要盖到密封格），将培养管放入 37 ℃摇床培养过夜。

专题四

非经典氨基酸的定点修饰与标记

经典氨基酸（canonical amino acid）即常见的 20 种天然氨基酸。在自然界中，绝大多数生物只能利用这 20 种氨基酸来进行蛋白质的合成。非经典氨基酸（non-canonical amino acid，UAA）的定点修饰是一种在蛋白质指定位置引入非经典氨基酸的蛋白质表达技术。这种技术可以在蛋白质任意位置直接或者间接地引入具有光谱性质（如紫外-可见、荧光、红外、核磁共振）的基团，实现蛋白质的定点标记，进而实现蛋白质的分析与成像。该技术亦能实现在蛋白质的特定位点引入反应活性基团，为研究蛋白质的翻译后修饰与相互作用提供有效的检测工具。此外，该技术还可以通过在蛋白质的活性位点引入可操控（光操控或者化学反应操控）的基团，实现对蛋白质功能的可控调节，从而为蛋白质的功能研究提供重要的研究工具。基于这些优点，该技术在化学生物学、分子生物学、合成生物学（synthetic biology）等交叉学科中得到了广泛的应用。

合成生物学是一门以生命科学为基础，将生物工程与合成化学紧密结合的新兴交叉学科。早在 2004 年，合成生物学被美国《麻省理工学院·技术评论》杂志选为改变世界的未来十大技术之一。本质上，合成生物学就是采用工程化的设计理念，对生物体进行有目标的设计、改造乃至重新合成，创建出具有特定功能甚至是非自然功能的"人工生物"。合成生物学包括了生物工程合成生物学和化学合成生物学两个互补的方向。生物工程合成生物学是借助已有的生物合成途径或者生命形式来创造新合成途径及新的生命形式，即"半合成生物学"。通过改变细胞（主要是微生物）的代谢途径来合成关键生物制品是该方向的重要应用之一。生物工程合成技术的应用，颠覆了工业、农业、食品、医药等领域传统产业模式。目前，我国已经实现了人参皂苷、番茄红素、灯盏花素等天然产物，丁二酸、丙氨酸、苹果酸等化工产品，以及羟脯氨酸、肌醇、左旋多巴等化学原料药的生物合成生产。其中，L-丙氨酸的生产量级已经达到万吨级。2021 年《科学》杂志报道我国科学家利用合成生物技术，实现了从二氧化碳到淀粉的"人工合成"，其转换效率大大超过植物中的光合作用。这是合成生物技术的一次重要突破，标志着人类在学习自然和改造自然方面迈出了关键性一步。该技术也为全球性气候问题和粮食危机的解决提供了潜在的手段。合成生物学的另一个重要方向是化学合成生物学。它强调自下向上（bottom up）的策略，即"全合成生物学"。从分子层面开始构建蛋白质、核酸直至细胞器，甚至整个细胞乃至新的生命形式是该方向的研究重心。目前，这个领域的科学家已经在"半合成最小细胞"（semi-synthetic minimal cells）等方向上取得一些重要进展。

很明显，合成生物学是一门工程、生物以及化学的交叉学科，需要不同领域的专家来共同推进，从而进一步探索生命的构建规律，并将其应用到生物制造中。为了鼓励更多的年轻人参与到这个前景广阔的学科中，麻省理工学院自 2003 年起承办了一年一度国际遗传工程机器大赛（International Genetically Engineered Machine，iGEM），面向全世界的高中生和本科生（自 2022 年起改在巴黎举办）。这个比赛现在已成为有志于该领域的青年才俊展示自己的舞台。

引入非经典氨基酸的基本原理

生物体内对 mRNA 中核苷酸序列的翻译过程是以三联密码子为单位进行的，例如 CUU 被识别为亮氨酸，而 CGG 是精氨酸的编码，等等。目前，由 U、C、A、G 四种碱基进行组合的全部三联密码子（共 64 种）均已被占用。其中，AUG 是起始密码子和甲硫氨酸的编码，UGA（opal，蛋白石）、UAA（ochre，赭石）、UAG（amber，琥珀）是不编码经典氨基酸的终止密码子，而其余 60 种组合均已被用来编码特定的经典氨基酸。为了在蛋白质序列中引入 20 种经典氨基酸以外的非经典氨基酸，需要对赋予非经典氨基酸一个对应的密码子。

为解决这个问题，当前主要有两种方法。第一种方法是对当前的编码进行重新指定（codon reassignment）。终止密码子不编码任何一种经典氨基酸，是能进行重新指定的可能编码。在古细菌 *Methanosarcina barkeri* 中，UAG 被用于编码吡咯赖氨酸（pyrrolysine，一种天然的非经典氨基酸），这就意味着利用终止密码子来编码非经典氨基酸是可行的。相比于其他终止密码子，琥珀密码子 UAG 出现的频率很低，对生物（特别是细菌）的生长没有明显影响，是用来编码非经典氨基酸的理想密码子。因为这种方法主要是通过压制生物体内对 UAG 的正常识别来实现的，因此也被常称为琥珀压制（amber suppression）。第二种方法是对当前用来编码的碱基进行扩充。这种方法的潜力更大（例如可以在同一个蛋白质内引入多个甚至多种非经典氨基酸），然而实现的难度也更高。弗洛伊德·罗曼斯堡（Floyd E. Romesberg）通过引入新的碱基对（dNaM-dTPT3）来进行非经典氨基酸的编码，以较高的产率实现了在一个蛋白质中引入 3 个非经典氨基酸。

在翻译过程中，氨酰 tRNA 合成酶通过对氨基酸及其对应 tRNA 的特异性识别（第二遗传密码），将氨基酸装载到正确的 tRNA 上，并由 tRNA 识别相应的密码子。因此，要使用新密码子编码非经典氨基酸从而在蛋白质中引入非经典氨基酸，要解决以下问题：

① 要有一个可识别新密码子的 tRNA。

② 要有单一结合这种 tRNA 的特异性氨酰 tRNA 合成酶。

③ 该氨酰 tRNA 合成酶能够选择性地将特定的非经典氨基酸结合到识别新密码子的 tRNA 上。

④ 这一 tRNA 不能被内源性的氨酰 tRNA 合成酶所识别。

⑤ 该非经典氨基酸也不能成为内源性的氨酰 tRNA 合成酶的底物。

也就是说，识别新密码子的 tRNA、非经典氨基酸以及特异性的氨酰 tRNA 合成酶构成一个正交翻译组（orthogonal translating system, OTS），从而实现将非经典氨基酸插入蛋白质中。图 4-1 展示了蛋白质中插入经典氨基酸和非经典氨基酸的过程。

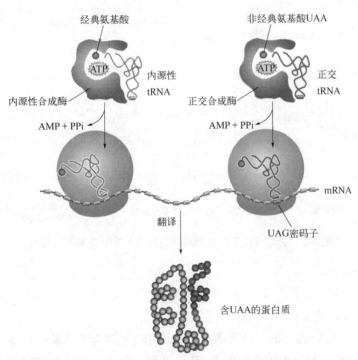

图 4-1　蛋白质中插入经典氨基酸和非经典氨基酸的生物过程（见彩插）

2000 年，彼得·舒尔茨（Peter G. Schultz）基于 *Methanocaldococcus jannaschii* 细菌中的酪氨酸氨酰合成酶（*Mj* TyrRS）及其对应的 tRNA（*Mj* tRNA^{Tyr}），通过将 tRNA 的密码识别区改为 CUA，建立了能识别 UAG 的酪氨酸类似物正交翻译组，实现了在大肠埃希菌表达的蛋白质中插入 *O*-甲基酪氨酸。2004 年 Joseph A. Krzycki 基于在

Methanosarcina barkeri 细菌中发现的吡咯赖氨酸 tRNA（tRNA^{Pyl}，识别位点 CUA，相应密码子 UAG）及其氨酰合成酶（PylRS），建立了能识别 UAG 的吡咯赖氨酸类似物正交翻译组，实现了在大肠埃希菌表达的蛋白质中插入吡咯赖氨酸。这些正交翻译组的氨酰 tRNA 合成酶均可以通过定向进化改变其与氨基酸的结合部位，从而实现对不同非经典氨基酸底物的识别。通过不断优化，目前已经能够通过在大肠埃希菌中高效引入正交翻译组，实现含有非经典氨基酸蛋白质的高产率表达，其翻译的准确性已经能达到 99%。近年来，这个表达含有非经典氨基酸蛋白质的体系也被拓展至酵母菌甚至哺乳动物细胞中。图 4-2 展示一些目前能够进行蛋白质定点修饰的非经典氨基酸结构。

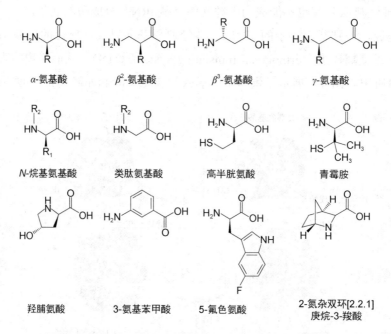

图 4-2　能够进行蛋白质定点修饰的若干非经典氨基酸结构

点击反应

点击反应（click reaction）是美国化学家卡尔·夏普莱斯（Karl B. Sharpless）教授于 2001 年提出的一个合成化学的概念，是指一类可通过小单元的拼接来迅速高效进行合成的反应，像"点击"一样轻而易举，故而得名"点击反应"。他也因此与莫滕·梅尔达尔（Morten Meldal）和卡罗琳·贝尔托齐（Carolyn R. Bertozzi）分享了 2022 年的诺贝尔化学奖（Karl B. Sharpless 在 2001 年就因不对称合成而获得了诺贝尔化学奖，是目前唯一在世的两获诺贝尔奖的科学家）。点击反应的概念开辟了化学合成领域的新天地，在生物分子修饰、药物开发、材料合成等诸多领域中有着广泛的应用，已经成为目前广受关注的重要合成理念之一。

点击反应通常具有如下特征：①反应条件简单，热力学和动力学驱动力高；②原料和试剂容易获得、产物稳定性好；③应用范围广、无须溶剂或者良性溶剂（水）、副产物无害。常见的点击反应类型主要有连接（ligation）反应和切断（cleavege）反应。当前最著名及应用最广泛的点击反应是铜（Ⅰ）离子催化的 Huisgen 叠氮-炔烃环加成反应（copper-catalyzed azide-alkyne cycloaddition，CuAAC），其反应及机理参见图 4-3。该反应可在水溶液中甚至是生物体系中（例如细胞裂解液中）迅速高效地进行，因此被广泛地应用于蛋白质、核酸、糖类等生物分子的修饰和缀合反应。然而，由于铜（Ⅰ）及铜（Ⅱ）离子有较大毒性，在细胞中易产生活性氧（reactive oxygen species，ROS）物种，因此该反应在活的生物体系中的应用具有一定挑战。近年来，科学家通过合成高性能的铜（Ⅰ）离子配体，提高其催化效率以降低其用量。目前，铜（Ⅰ）离子的用量已经可以降到 μmol/L 级，在活细胞中进行 CuAAC 反应已经可以实现。

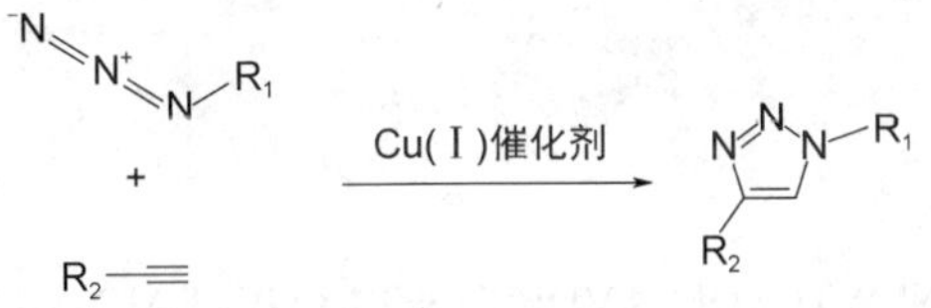

图 4-3　叠氮-炔烃环加成（CuAAC）反应及机理

综合延伸问题：

1. 查阅文献，写出图 4-3 所示反应的详细机理。
2. 举出 3 种以上点击反应，并比较它们的反应速率。

实验 4–1

非经典氨基酸Alkyne-UAA的定点修饰与点击反应标记

一、实验设计

本实验使用生物进化的吡咯赖氨酸（pyrrolysine, Pyl）ACPK 表达体系，将末端含炔烃三键的非经典氨基酸（Alkyne-UAA，图 4-4）引入到抗酸伴侣蛋白 HdeA 的特定位点中。HdeA 表达量高，易折叠，经常被选为表达非经典氨基酸的模型蛋白，其氨基酸序列如下：

```
1                         25                        50      突变位点
⋮                         ⋮                         ⋮       ⋮
ADAQKAADNKKPVNSWTCEDFLAVDESFQPTAVGFAEALNNKDKPEDAVLDVQGIATVT
```

```
                          75
                          ⋮
PAIVQACTQDKQANFKDKVKGEWDKIKKDM
```

利用大肠埃希菌表达含有 Alkyne-UAA 的 HdeA 蛋白，之后将大肠埃希菌裂解液与含有叠氮基团的荧光分子在铜催化剂作用下进行反应，将 HdeA 蛋白与荧光分子通过点击反应 CuAAC 进行连接，其连接产物可以通过荧光 SDS-PAGE 进行表征。具体反应如图 4-4 所示。

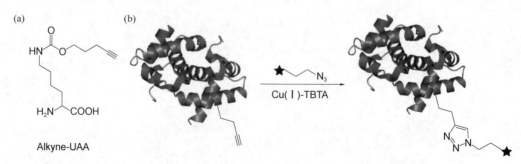

图 4-4　Alkyne-UAA 的结构（a）及实验中用到的点击反应（b）

二、实验目的

1. 学习非经典氨基酸定点修饰的原理和点击反应的特征。
2. 学习非经典氨基酸定点修饰的实验操作。
3. 掌握生物体系中进行点击反应的实验操作。

三、实验器材与试剂

1. 仪器耗材

SDS-丙烯酰胺凝胶电泳，冷冻离心机，台式高速离心机，恒温摇床，培养箱，紫外-可见分光光度计，恒温金属浴，高压灭菌锅，凝胶成像系统，离心管等。

2. 材料

（1）菌株：*E.coli* DH10B。
（2）质粒：pBAD-HdeA-Myc-His，pSUPAR-Mb-DiZPK-RS。

3. 试剂

胰蛋白胨，酵母抽提物，氯化钠，氢氧化钠，TBTA（三[(1-苄基-1*H*-1,2,3-三唑-4-基)甲基]胺），DMSO，^{t}BuOH，Azide Fluor 488，$CuSO_4 \cdot 5H_2O$，抗坏血酸钠，蛋白质标准溶液及 Bradford 工作溶液，非经典氨基酸，氨苄西林，氯霉素，阿拉伯糖，异丙基-β-D-硫代半乳糖苷（IPTG），NP-40 裂解液，PIC 等。

4. 溶液配制

（1）LB 培养基：称取胰蛋白胨 2 g，酵母抽提物 1 g，氯化钠 2 g，加入 200 mL去离子水溶解，高压蒸汽灭菌。

（2）TBTA 储存液（10 mmol/L）：称取 5.3 mg TBTA 溶解于 1 mL DMSO-^{t}BuOH（1∶4）溶液，−20 ℃冰箱冻存。

（3）Azide Fluor 488 储存液（1 mg/mL）：称取 1 mg Azide Fluor 488 溶解于 1 mLDMSO，−20 ℃冰箱冻存。

（4）$CuSO_4$储存液（10 mmol/L）：称取 2.50 mg $CuSO_4 \cdot 5H_2O$ 溶解于 1 mL 去离子水，−20 ℃冰箱冻存。

（5）抗坏血酸钠溶液（20 mg/mL）：称取 20 mg 抗坏血酸钠溶解于 1 mL 去离子水，现用现配。

（6）非经典氨基酸（Alkyne-UAA）储存液（50 mmol/L）：称取 64 mg Alkyne-UAA 溶解于 5 mL 去离子水。若溶解有困难，可先调 pH 至碱性待其溶解完后再调回中性。过滤膜除菌备用。

（7）蛋白质标准溶液（BSA, 2 mg/mL）：称取 BSA 2 mg 溶解于 5 mL 去离子水，过滤膜备用，4 ℃保存。

（8）Bradford 工作溶液（建议购买碧云天 P0006 或者翊圣 20202ES76，会附送蛋白质标准溶液）：称取 50 mg 考马斯亮蓝 G250 于烧杯中，加入 25 mL 95%乙醇，加入 300 mL 去离子水，再加入 50 mL 85%磷酸，用去离子水定容至 500 mL。用 Whatman 1 号滤纸过滤或者过滤膜。棕色试剂瓶 4 ℃可保存三个月。

四、实验操作

1. 目的质粒共转化至大肠埃希菌 DH10B

① 在 1.5 mL 离心管中配制转化体系，详见表 4-1。

表 4-1　转化体系配制

类型	感受态细胞	pBAD-HdeA-Myc-His	pSUPAR-Mb-DiZPK-RS	ddH$_2$O
空白对照	100 μL	0 μL	0 μL	2 μL
转化体系	100 μL	1 μL	1 μL	0 μL

② 温和混匀后冰浴 30 min。

③ 热激：42 ℃金属浴中放置 45～90 s。

④ 快速将管转移到冰浴中，使感受态细胞冷却 3 min。

⑤ 每管加入 500 μL LB 液体培养基，然后将管转移至摇床上，37 ℃培养 30 min。

⑥ 涂板：各取 100 μL 均匀涂布在含有氨苄西林和氯霉素的 LB 固体培养平板上。

⑦ 倒置平板，于 37 ℃恒温培养，12～16 h 后可出现单菌落。

2. 含非经典氨基酸 Alkyne-UAA 蛋白质的表达与收集

① 从 LB 平板上挑取一个共转化含有质粒 pSUPAR-Mb-DiZPK-RS 和 pBAD-HdeA-Myc-His 质粒的大肠埃希菌 DH10B 置于 2 mL LB 液体培养基中，在 37 ℃、250 r/min 条件下培养过夜。LB 培养基中已含有 100 μg/mL 氨苄西林和 30 μg/mL 氯霉素。

② 将过夜培养的菌液以 1∶100 的比例接种于 20 mL 含有氨苄西林和氯霉素的 LB 培养基中，在 37 ℃、250 r/min 条件下扩大培养，待菌液的 OD_{600} 吸收值达到 0.5

时（约 4 h），加入 Alkyne-UAA 使其终浓度为 1 mmol/L，并继续培养 30 min 使 UAA 被菌体充分吸收。

③ 向上述菌液中加入阿拉伯糖（arabinose）和异丙基-β-D-硫代半乳糖苷（IPTG）使其终浓度分别为 0.2% 和 0.5 mmol/L，30 ℃继续诱导培养 6 h。阿拉伯糖和 IPTG 分别作诱导剂诱导 pSUPAR-Mb-DiZPK-RS 和 pBAD-HdeA-Myc-His 的表达。

④ 收集诱导好的菌液并将其离心（8000 r/min，10 min，4 ℃）后弃去上清液，将每 50 mL LB 培养基所得菌体重悬于 7 mL HEPES（50 mmol/L，pH = 7.4，含 PIC 0.5 mmol/L）缓冲液中，分装至 7 个 1 mL 离心管中，用液氮反复冻融 5～7 次。若第 5 次溶液仍无法澄清，补加 0.3% NP-40 裂解液继续冻融。亦可进行超声破碎（选做）。将每 50 mL LB 培养基所得菌体重悬于 7 mL HEPES（50 mmol/L，pH = 7.4，含 PIC 0.5 mmol/L，0.3% NP-40 裂解液）缓冲液中，冰浴下超声破碎。破碎程序为超声 5.0 s，停止 5.0 s，循环 15 min 至溶液澄清，超声后菌液从枪头滴下不粘连。

⑤ 将蛋白质破碎液高速离心（18000 r/min，4 ℃，8 min），取上清液，0 ℃冰上保存。

3. 利用 Bradford 法测定浓度

① 绘制标准曲线。利用蛋白质标准溶液（BSA）及 HEPES 溶液（50 mmol/L，pH = 7.4），配制梯度标准溶液 0 mg/mL、0.5 mg/mL、1.0 mg/mL、1.5 mg/mL、2.0 mg/mL。各取 10 μL 加入 1.0 mL Bradford 工作溶液中，混匀 5 min 后测定 595 nm 处吸光度（也可以使用 OD 仪测定 600 nm 处 OD 值，比较方便）。

② 测定蛋白质破碎液浓度。取适量蛋白质破碎液用 HEPES 缓冲液（50 mmol/L，pH = 7.4）稀释 10 倍后，10 μL 加入 1.0 mL Bradford 工作溶液中，混匀 5 min 后测定 595 nm 处吸光度。

③ 取适量蛋白质破碎液，用 HEPES 缓冲液（50 mmol/L，pH = 7.4）稀释至 1.0 mg/mL。液氮冷冻后 -80 ℃ 冰箱保存。

4. 点击反应及荧光 SDS-PAGE

① 配制点击反应液，全实验室共用。

点击反应液 A：TBTA（10 mmol/L）储备液 20 μL + CuSO$_4$（10 mmol/L）10 μL，混合均匀。

点击反应液 B：Azide Fluor 488 储存液（1.7 mmol/L）40 μL + DMSO 20 μL + 抗坏血酸钠溶液（20 mg/mL）10 μL。

② 取 15 μL 蛋白质破碎液（1.0 mg/mL），平行四份。一份只加入点击反应液 A 1.5 μL，一份只加入点击反应液 B 3.5 μL，其余两份加入点击反应液 A 1.5 μL 和点击反应液 B

3.5 μL，均用 50 mmol/L HEPES 缓冲液补至 20 μL。37 ℃下在金属浴上避光反应 30 min。

③ 加入 6 μL 4×Laemmli 加样缓冲液，混匀后 37 ℃加热 5 min。液氮冷冻后−80 ℃冰箱保存。

④ 如表 4-2，配制 SDS-PAGE 所用的 12%聚丙烯酰胺凝胶（可参考《分子克隆》手册的配方）。

表 4-2　12%聚丙烯酰胺凝胶配制

类型	各种组分名称	各种组分取样量/mL
分离胶（12%） 10 mL	H₂O	3.3
	30%丙烯酰胺混合溶液	4.0
	1.5 mol/L Tris-HCl（pH 8.8）	2.5
	10% SDS	0.1
	10%过硫酸铵	0.1
	TEMED	0.01
浓缩胶（6%） 5 mL	H₂O	3.42
	30%丙烯酰胺混合溶液	0.83
	1.5 mol/L Tris-HCl（pH 6.8）	0.63
	10% SDS	0.05
	10%过硫酸铵	0.075
	TEMED	0.0075

⑤ 取 15 μL 样品按照常规 SDS-PAGE 进行电泳，注意避光。待 10 kDa 条带（绿色）距离胶底部 5～7 mm 时，可将夹在玻璃板中的胶置于凝胶成像系统中成像，待最下沿（图 4-5）的强荧光条带消失即可停止电泳。取出蛋白胶，用清水漂洗 2 次后，使用凝胶成像系统进行成像。通道 FL-Green，曝光时间 Auto。

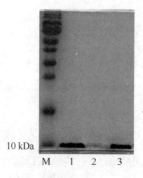

图 4-5　荧光 SDS-PAGE 分析 HdeA-UAA 与荧光分子的链接（见彩插）

泳道 M 为蛋白质分子量标记；泳道 1 为超声裂解；泳道 2 为未加入点击反应液 A 的对照组；泳道 3 为液氮冻融裂解

⑥ 成像后将蛋白质胶置于考马斯亮蓝染色液中染色约 30 min，使用脱色液洗脱后观察实验结果。用凝胶成像系统进行成像（选做）。

五、注意事项

1．NP-40 裂解液黏性较大，难以直接定量吸取，可考虑先配制成一定比例的浓缩储备液。

2．超声破碎要求最小溶液体积为 1.5 mL，否则易产生泡沫。

3．超声时间过长、功率太高会出现黑色沉淀，对蛋白质活性有影响。

4．Azide Fluor 488 储备液光稳定性较差，溶于 DMSO 后需要避光保存，实验过程中也要注意避光。

5．目的蛋白质的分子质量略小于 10 kDa，可在 10 kDa 条带（绿色）跑到距离底边 5 mm 左右后停止电泳。

六、问题与思考

1．计算点击反应中各种成分的终浓度（蛋白质，TBTA，$CuSO_4$，Azide Fluor 488，DMSO，抗坏血酸钠）。

2．点击反应为何要在避光条件下进行？

3．查阅文献，试举 2 个含非经典氨基酸的蛋白质在化学生物学研究中的应用实例。

七、参考文献

合成生物学

[1] Khalil A S, Collins J J. Synthetic biology: applications come of age [J]. Nature Reviews Genetics, 2010, 11 (5): 367-379.

[2] Tang T-C, An B, Huang Y, et al. Materials design by synthetic biology [J]. Nature Reviews Materials, 2020, 6 (4): 332-350.

非经典氨基酸引入

[3] Wang L, Brock A, Herberich B, et al. Expanding the genetic code of Escherichia coli [J]. Science, 2001, 292 (5516): 498-500.

[4] Wang L. Engineering the genetic code in cells and animals: biological considerations and impacts[J]. Accounts of Chemical Research, 2017, 50(11): 2767-2775.

[5] Feldman A W, Dien V T, Karadeema R J, et al. Optimization of replication, transcription, and translation in a semi-synthetic organism [J]. Journal of the American Chemical Society, 2019, 141 (27): 10644-10653.

[6] Fischer E C, Hashimoto K, Zhang Y, et al. New codons for efficient production of unnatural proteins in a semisynthetic organism [J]. Nature Chemical Biology, 2020, 16 (5): 570-576.

点击反应

[7] Kolb H C, Finn M G, Sharpless K B. Click chemistry: diverse chemical function from a few good reactions [J]. Angewandte Chemie International Edition, 2001, 40 (11): 2004-2021.
[8] Devaraj N K, Finn, M G. Introduction: click chemistry [J]. Chemical Reviews, 2021, 121 (12): 6697-6698.

专题五
蛋白质的非定点荧光标记

　　蛋白质是细胞功能的主要执行者。研究蛋白质的结构、功能及其相互作用是理解细胞生命过程中各种内在机制的关键。近年来，随着蛋白质标记技术的不断发展与成熟，蛋白质研究进入了高速发展的阶段。蛋白质荧光分析法具有灵敏度高、选择性好、动态响应范围宽且测定条件更接近生命体的生理环境等优点，且能够实现活体可视化分析，因此在蛋白质分析领域得到了广泛应用。蛋白质荧光探针用于蛋白质标记可分为定点荧光标记和非定点荧光标记。

　　定点荧光标记，也被称为特异性荧光标记，主要涵盖了受体-配体相互作用介导的标记方式（如抗原-抗体、生物素-抗生物素、酶-底物等），以及包括绿色荧光蛋白和一些小分子荧光染料的标记技术。绿色荧光蛋白（GFP）的发现及应用被视为活细胞蛋白质特异性标记方法的里程碑，因为它能在不需要额外底物的情况下自发发出荧光，并具有高特异性和荧光稳定性，因此在研究中被广泛采用。然而，GFP 的分子量相对较大（由 238 个氨基酸组成），这可能对被标记蛋白质的正常生理功能产生一定影响。

　　近年来，蛋白质特异性的小分子荧光染料标记技术克服了荧光蛋白的局限性，得到了显著发展，在多个领域获得了广泛的应用。这些方法通过标准的基因工程手段构建靶蛋白与多肽、蛋白标签的重组蛋白，然后利用荧光探针配体与相应多肽或蛋白标签的高特异性相互识别，实现对靶蛋白的定点荧光标记。目前，已开发出的蛋白质特异性标记方法主要有：六组氨酸标签-镍-荧光团络合物体系、双砷染料-四半胱氨酸标签体系、DNA 烷基转移酶标签（SNAP-tag）、卤代烷烃标签（Halo-tag）、三甲氧基苄胺嘧啶标签（TMP-tag）和酰基载体蛋白标签（ACP-tag）等。

　　非定点荧光标记涉及通过与目的蛋白上的一些裸露的氨基、巯基或羟基反应，使用具有活性反应基团的荧光试剂来实现。其中，最常采用的衍生化位点通常是氨基。可与氨基反应的荧光衍生化试剂包括：芳香邻二醛类试剂，如邻苯二甲醛（OPA）；酰氯类试剂，如丹磺酰氯（Dns-Cl）；氰酸酯类试剂，如异硫氰酸荧光素（FITC），等等。蛋白质非定点荧光标记广泛应用于受体或配体的非特异性荧光标记，通过诸如抗原-抗体、生物素-抗生物素、酶-底物等受体配体的相互作用间接实现特异性荧光标记。例如，抗体的荧光标记可以使抗体带上荧光或酶标签，从而便于后续对目的蛋白的特异性标记，进而实现对目的蛋白的表达情况、细胞内定位、相互作用、活性状态等指标进行可视化追踪和定量研究。随着单克隆抗体的广泛应用以及荧光显微镜、流式细胞仪的不断升级，蛋白质标记技术已经进入高速发展的阶段，并且在多个领域中发挥着重要的作用。

蛋白质非定点荧光标记的基本原则包括：

① 标记物必须具有较高的灵敏度；

② 标记物偶联到蛋白质后必须具有一定的稳定性；

③ 带有标记物的蛋白荧光可以通过简单的方法与未结合的标记物分离；

④ 经过化学处理后，蛋白质仍然保持其活性，例如保持与其他蛋白质的特异性结合能力。

非定点标记策略

蛋白质的非定点标记策略有：体外标记与体内标记，直接标记与间接标记。

(1) 体外标记与体内标记

荧光染料标记蛋白质或多肽是常见的蛋白质体外标记技术。体外标记首先涉及将目的蛋白或抗体抽提并纯化，随后利用与特定氨基酸反应的化学基团来实现与蛋白质氨基酸的共价连接。体内标记则是直接对细胞中的蛋白质进行标记，标记后的目的蛋白可以直接用于活体示踪、细胞分选等下游实验操作。

(2) 直接标记与间接标记

直接标记法适用于高表达抗原的快速检测。在该方法中，抗体直接与标记物（如荧光染料、HRP、AP 等）结合，因此不需要第二抗体介入。尽管直接标记法具有操作简单、节省时间的优势，但也存在一些明显的局限性，如：①相对于间接标记法，其灵敏度较低；②灵活性较差，当需要使用不同的发色荧光时，需要重新选择荧光染料进行标记。

对于未知表达量的抗原，间接标记法通常是更优的选择。在这种情况下，非定点标记的目标是二抗，标记后的二抗通过与一抗结合来放大信号，从而实现更高的检测灵敏度。此外，间接标记法还具有以下优点：①同一种二抗可以应用于不同的靶抗原检测；②同类型和宿主物种的一抗可以与任何给定的二抗搭配使用，具有广泛的适用性；③通过不同的二抗标记，可以轻松实现多种目的蛋白的多色可视化。尽管存在多方面的优点，但使用间接标记法时需要特别注意二抗的非特异性结合情况。

标记物的选择

荧光标记中，标记物的选择至关重要。以下是实验室中常用的几种标记物的简要介绍。

(1) 有机荧光染料

有机荧光染料是蛋白质荧光标记中非常常见的标记物之一。其原理是利用目的蛋白上一些裸露的氨基、巯基、羧基或羟基与一些带有活性反应基团的荧光试剂反应，其中最常采用的衍生化位点是氨基。氨基存在于每个多肽链的 N 端以及赖氨酸残基的侧链中，在生理 pH 下带正电荷，因此氨基通常分布在蛋白质的外表面，容易与引入的水性介质结合发生反应。许多有机试剂容易与伯胺形成化学键，包括异硫氰酸酯、异氰酸酯、酰基叠氮化物、N-羟基琥珀酰亚胺酯（NHS 酯）、磺酰氯、醛、乙二醛、环氧化物、环氧乙烷、碳酸盐、芳基卤化物、酰亚胺酯、碳二亚胺、酸酐和氟苯基酯等（图 5-1）。其中，大多数通过酰化或烷基化与氨基形成化学键。

成功的有机荧光染料标记需要具备以下六个要素：①具备能与蛋白质形成共价键的化学基团，与蛋白质结合后不易解离，未结合的荧光素及其降解产物易于清除；②荧光效率高，与蛋白质结合后，仍保持较高的荧光效率；③荧光颜色能与背景物质形成鲜明对比；④与蛋白质结合后不影响蛋白质原有的生化和免疫活性；⑤标记方法简单快速，安全无毒；⑥标记物稳定，易于保存。

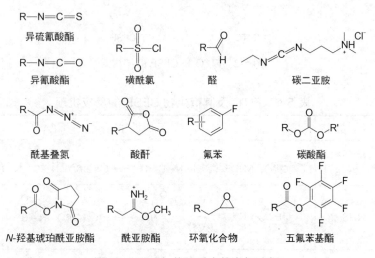

图 5-1　可以与伯胺反应的有机试剂

① 荧光素及其衍生物：异硫氰酸荧光素（fluorescein isothiocynante，FITC）及其衍生物广泛应用于蛋白质研究中的非定点荧光标记。FITC 分子的分子量为 389.2，激

发和发射光谱最大波长分别为 495 nm 和 519 nm，呈现绿色荧光。在 pH 8.0 条件下，FITC 在 494 nm 的摩尔吸收系数为 68000 L/(mol·cm)。

FITC 通过异硫氰基与蛋白质中氨基、巯基、咪唑基团、酪氨酰以及羧基作用而发生交联反应。然而，值得注意的是，只有与一级和二级氨基反应时才能生成稳定的产物。FITC 的异硫氰基在碱性溶液中与抗体蛋白的自由氨基（主要存在于赖氨酸侧链上的氨基）形成硫碳酰胺键，从而实现荧光素与蛋白质的结合。这种荧光蛋白结合稳定，不影响蛋白质的生物活性，并呈现出明亮的黄绿色荧光。一般情况下，一个牛血清白蛋白（BSA）分子具有 59 个赖氨酸残基，因此一个抗体或 BSA 分子可结合 4~8 个 FITC 分子。

另一方面，羧基荧光素琥珀酰亚胺酯（CFSE）是 FITC 的一种衍生物。它被广泛用作细胞荧光染料，具有细胞膜渗透性。CFSE 通过其琥珀酰亚胺基团与细胞内氨基酸（尤其是赖氨酸残基）进行共价偶联，形成稳定的连接。这种稳定连接使得 CFSE 一旦渗入细胞，就能够在细胞内保留很长时间，而不会转移到其他细胞中。因此，CFSE 被广泛用于监测细胞的增殖、迁移和定位等生物学过程。FITC 和 CFSE 的结构式见图 5-2，反应机理见表 5-1。

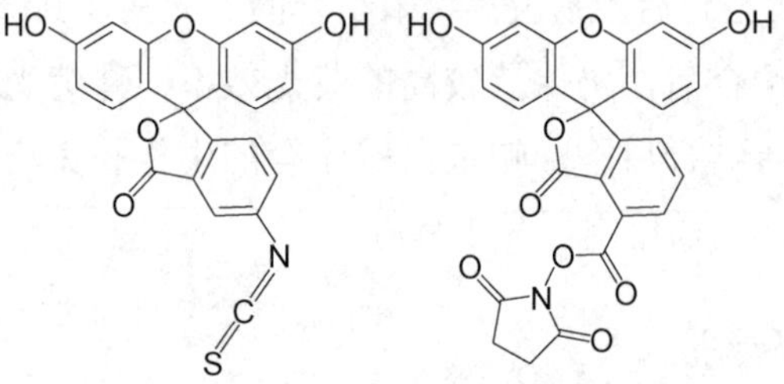

图 5-2　FITC 和 CFSE 的结构式

表 5-1　FITC 及其衍生物 CFSE 的反应机理

反应基团	染料类别	反应机理	举例
氨基	异硫氰酸盐	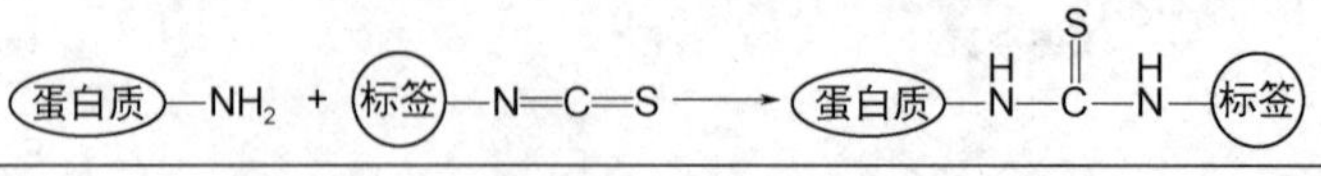 蛋白质—NH₂ + 标签—N=C=S → 蛋白质—N—C—N—标签	FITC
	NHS 酯	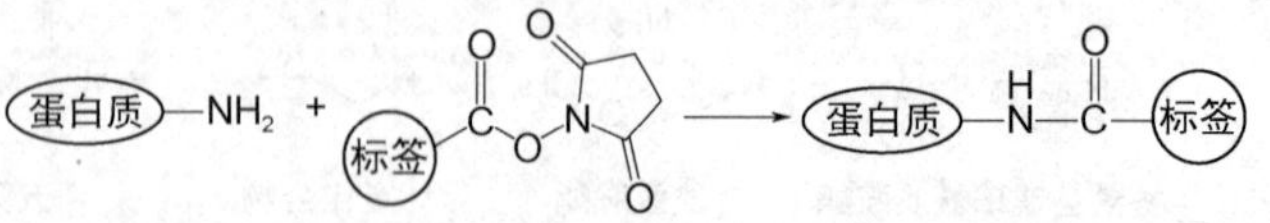 蛋白质—NH₂ + 标签—C(O)—O—N(琥珀酰亚胺) → 蛋白质—N—C—标签	CFSE
巯基	马来酰亚胺	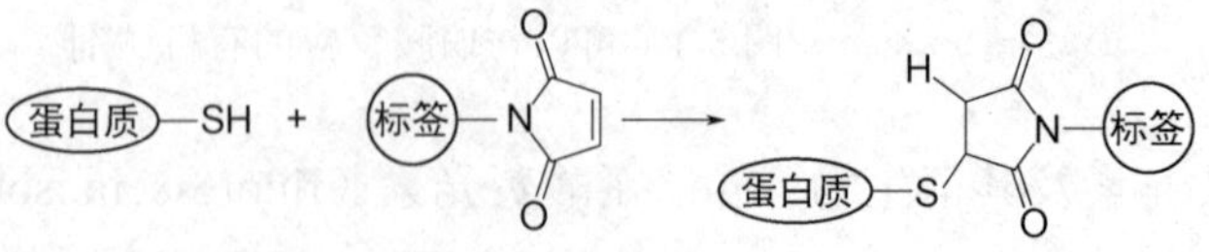 蛋白质—SH + 标签—N(马来酰亚胺) → 蛋白质—S—N—标签	CFSE

② 德克萨斯红（Texas red）和罗丹明（rhodamine）：磺酰氯类荧光染料也可通过与蛋白质中的氨基形成酰胺键来实现非定点标记。其中，常见的代表有德克萨斯红（Texas red）和丽丝胺碱性蕊香红 B 磺酰氯（Lissamine rhodamine B sulfonyl chloride），结构式见图 5-3。Texas red 的最大激发和发射光谱波长分别为 586 nm/603 nm，而罗丹明的最大激发/发射波长分别为 558 nm/575 nm，因此二者均为红色荧光染料。然而，需要注意的是，这类染料在高 pH 下容易发生水解，因此在标记过程需要保持低温（4 ℃）条件以确保标记的稳定性。特别地，磺酰氯与酪氨酸、组氨酸和半胱氨酸形成的化合物相对不稳定，通常需要使用羟胺来去除这些不稳定的部分，以确保标记的稳定性。这个特性可能导致这类染料在标记某些抗体时缺乏一致性，需要谨慎考虑。Texas red 常见衍生物类型及反应机理见表 5-2。

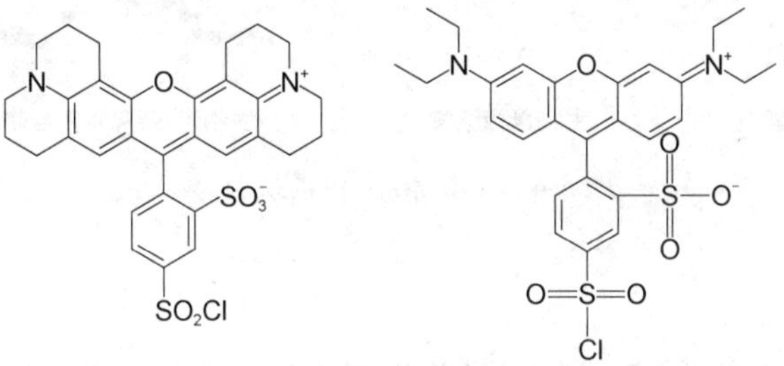

德克萨斯红　　丽丝胺碱性蕊香红B(罗丹明衍生物)磺酰氯

图 5-3　德克萨斯红（Texas red）和丽丝胺碱性蕊香红 B 磺酰氯的结构式

表 5-2　德克萨斯红（Texas red）常见衍生物类型及反应机理

反应基团	染料类别	反应机理	举例
氨基	磺酰氯	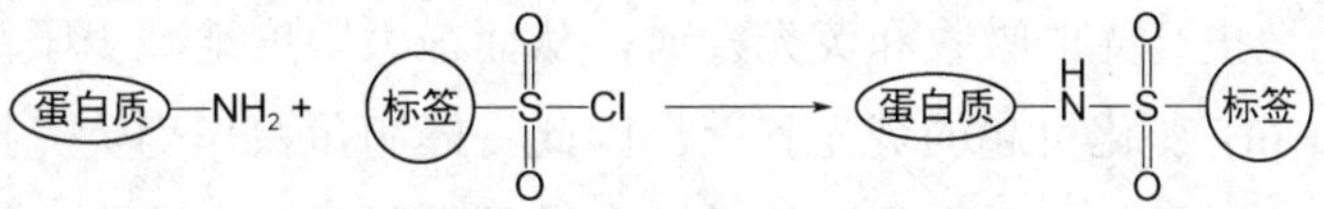	德克萨斯红
	NHS 酯	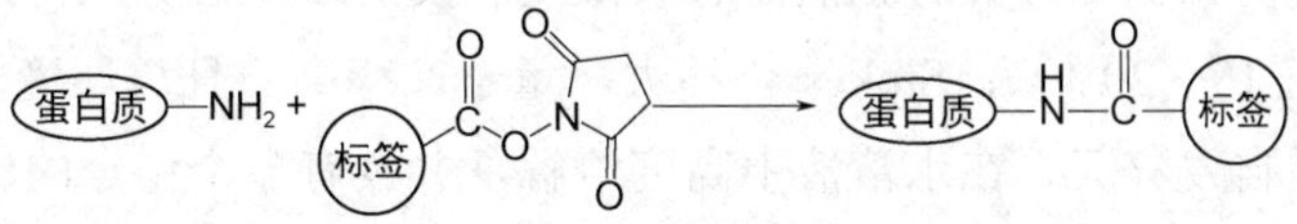	*N*-羟基琥珀酰亚胺酯
巯基	马来酰亚胺	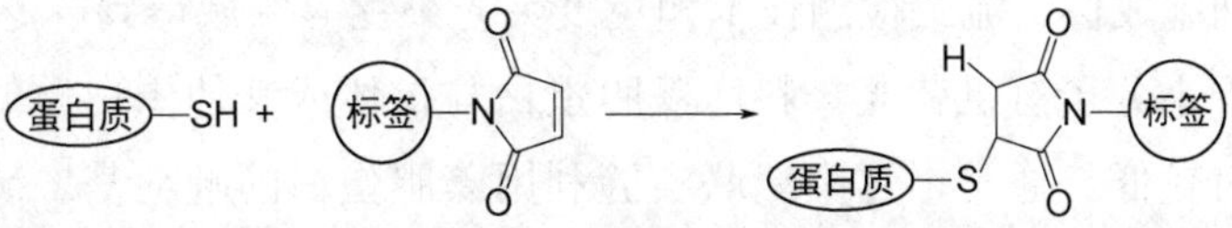	荧光素-5-马来酰亚胺

(2) 生物素

生物素（biotin）与其结合蛋白亲和素构成了目前已知非常强的非共价蛋白质-配体相互作用之一，其亲和度（$K_d=10^{-15}$ mol/L）远高于抗原与抗体之间的亲和力

（K=10^{-6}～10^{-12} mol/L）。此外，两者的结合具有出色的稳定性和高度特异性，几乎不受温度、极端 pH、有机溶剂和其他变性剂的影响。一个亲和素分子通常能够同时结合四个生物素分子（图 5-4），这一特性可用于构建多级信号放大系统。生物素与亲和素之间强大的亲和力及其独特特性，使其能够广泛应用于微量抗原、抗体的定性和定量检测以及定位研究等领域。然而，需要注意的是，生物素在某些组织和提取物（如牛奶、蛋、细菌、脑、玉米等）中的含量可能极高，因此在实验设计中必须考虑内源性生物素可能对实验结果产生的影响。

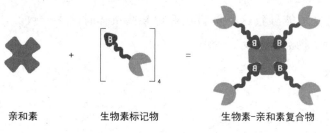

亲和素　　　　　　生物素标记物　　　　生物素-亲和素复合物

图 5-4　生物素-亲和素系统

（3）藻胆蛋白

藻胆蛋白（phycobiliprotein）是一类荧光蛋白质，源自光合生物如蓝细菌和微藻。常见的藻胆蛋白有 R-藻红蛋白（R-PE）、B-藻红蛋白（B-PE）、别藻蓝蛋白（APC）等。这些蛋白质中包含着共价连接的四吡咯基团，被称为藻胆素，能够有效地捕获光能。这些捕获的能量随后通过荧光共振能量转移（FRET）传递到光合作用反应中心的特殊的叶绿素分子对中，用于光合作用反应。藻胆蛋白因其在光能捕获中的重要作用，能够最大化地提高光的吸收和荧光发射，从而最大限度地减少了由于内部能量传递和外部因素如 pH 变化引起的荧光猝灭。因此，藻胆蛋白作为荧光探针具有有机染料无法匹敌的优势，例如：具有强烈的长波激发和发射效率（荧光可比大多数小分子有机染料荧光高 10～20 倍）；Stokes 位移大，量子产率高，且与环境 pH 无关。此外，其荧光不容易自发猝灭，在水溶液中高度溶解，并具有多个稳定的结合位点。因此藻胆蛋白在活细胞成像、流式检测技术和免疫荧光染色等领域得到广泛应用。

不同于小分子有机荧光染料，藻胆蛋白与抗体或其他蛋白质的化学交联难度较高且产率相对较低。通常，这类交联实验利用藻胆蛋白的吡啶基二硫键衍生物，它可以直接与硫醇化蛋白发生反应，形成二硫键。此外，也可以先将藻胆蛋白衍生物的吡啶基二硫键还原为硫醇，然后与马来酰亚胺延伸的蛋白质反应。

（4）酶探针

酶作为检测探针，由于其简单、灵敏的特性，即使在当今荧光标记技术盛行的情况下，仍然被广泛应用。酶标记蛋白具有高度的灵敏性、长期的稳定性以及通用的输出特性，因此在生物学研究中具有广阔的应用，包括酶联免疫吸附测定（ELISA）、免疫印迹（WB）和免疫组织化学（IHC）。然而，酶探针的使用也存在一些局限性，包括以下方面：①酶标记分子的大小远大于有机荧光化合物，可能干扰与其结合的蛋白质的生物功能；②使用酶探针需要添加底物，而底物的反应可能受到环境条件（如光照、温度等）的影响；③存在潜在的内源性干扰因素。

常见的酶探针包括辣根过氧化物酶（HRP）和碱性磷酸酶（AP）等。HRP 是一种分子质量为 44 kDa 的糖蛋白，当它通过赖氨酸残基与抗体偶联后，与适当的底物［如鲁米诺、3,3,5,5-四甲基联苯胺（TMB）、2,2′-连氮-双-(3-乙基苯并噻唑-6-磺酸)（ABTS）］一起孵育，可以产生化学发光或颜色反应，从而实现对目标物的检测和定量分析。碱性磷酸酶则属于广泛存在的酶家族，可水解核苷酸和蛋白质中的磷酸盐。在高 HRP 内源水平的情况下，使用小牛肠碱性磷酸酶偶联物是理想的替代选择。

酶的标记通常根据不同的酶选择不同的标记方法。以 HRP 为例，最经典的标记方法是高碘酸盐氧化法。该方法首先将 HRP 糖基氧化成醛基，然后醛基与蛋白质中的氨基发生席夫碱反应，从而形成蛋白质与 HRP 分子之间的稳定结合。

(5) 量子点探针

量子点（quantum dots，QDs）是一种纳米级别的半导体颗粒，具备独特的光学和电子性质，与较大的颗粒不同。当受紫外线照射时，量子点内的电子被激发到更高能量的状态（从价带跃迁到导带），激发的电子可以通过光辐射的方式释放能量并返回到价带，因此量子点发出的光的颜色取决于导带和价带之间的能量差，这个差值会随着量子点的尺寸和形状的变化而改变。更大的量子点（直径 5～6 nm）发出波长更长的光，因此发出橙色或红色的光；较小的量子点（直径 2～3 nm）会发射较短波长的光，产生蓝色或绿色的光（图 5-5）。这种"可调谐性"使量子点在多色荧光分析得到广泛应用。与传统荧光染料相比，量子点探针具有更长的荧光寿命（微秒级别），在某些领域如"时间门控检测"研究中具备明显的优势。此外，量子点发光的过程不涉及共轭双键，因此量子点探针的光稳定性远远超过传统荧光分子，相差几个数量级。

通常，量子点标记蛋白的方法包括以下几种：

① 经典吸附法：通过巯基乙酸修饰量子点表面，使其带有负电荷，然后利用静电吸引力将其与表面带正电荷的蛋白质结合。

② 常规交联剂链接法：借助交联剂［如 N-羟基琥珀酰亚胺（NHS）、1-乙基-3-(3-二甲基氨丙基)碳二亚胺（EDC）等］使修饰了羧基的量子点与蛋白质上的氨基相互连接。

③ 生物素-亲和素法：使用生物素标记蛋白质，然后与亲和素连接的量子点形成复合物。

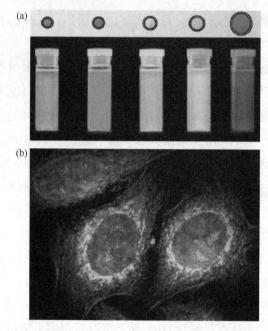

图 5-5　5 种颜色的量子点偶联物的多色免疫标记（*Nano Today*, **2009**, 4(1): 37-51.）（见彩插）

标记之后：荧光标记生物大分子的纯化

为了保证标记效率及产率，通常在反应中添加超量的荧光染料。因此，在反应完成后需要对染料-蛋白质复合物进行分离和纯化，而凝胶过滤法和透析法是常用的纯化方法。

(1) 凝胶过滤法

凝胶过滤法是一种基于不同分子大小的物质在凝胶柱中受到不同阻滞作用的原理进行生物大分子纯化的方法。本实验采用 PD-10 葡聚糖凝胶脱盐柱进行分离纯化。该脱盐柱采用 Sephadex GTM-25 作为填料，柱床直径为 1.45 cm，柱高 5 cm，总体积为 8.3 mL，适用于快速便捷地纯化分子量大于 5000 的生物大分子。当混合液加入凝胶柱后，随着洗脱剂的通过，不同分子大小的物质会受到不同程度的阻滞作用。颗粒大小接近或大于网眼的分子（例如标记的蛋白质和未标记的蛋白质）无法进入凝胶的网眼，它们在重力作用下随溶剂在凝胶颗粒之间沿较短的路径向下流动，受到较小的阻滞作用，移动速度快，因此先从脱盐柱出来。而颗粒小于网眼的分子（例如游离的荧光素和小分子盐类等）可以渗入凝胶网眼之中，它们在洗脱时从一个网眼穿到另一个网眼，逐层扩散，受到较大的阻滞，因此流速较慢，最后才从凝胶柱出来。在脱盐柱的出口处，用多个试管分步收集洗脱液，从而实现混合物中各组分的分离。图 5-6 展示了本实验中反应液里各组分在柱床上形成的带状分布情况。这种凝胶过滤法能够高效、选择性地分离生物大分子和小分子，是荧光标记生物大分子的一种重要纯化手段。

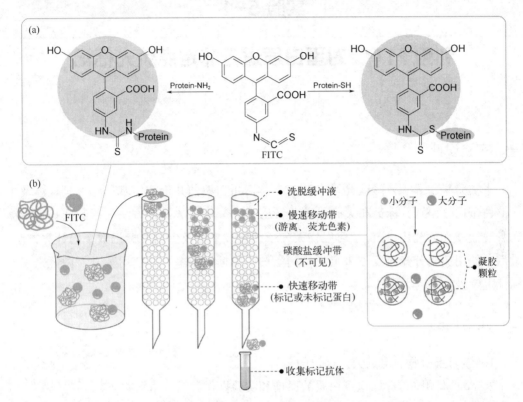

图 5-6　凝胶过滤法纯化 FITC 标记蛋白质原理图（见彩插）

(2) 透析法

透析法是一种通过小分子在半透膜上扩散至水中（或缓冲液）的原理，将小分子与生物大分子分离的一种纯化技术。荧光染料的分子量小，因此在透析过程中可以扩散出去，从而实现对荧光染料-蛋白质复合物的纯化。

综合延伸问题：

1. 如何优化非定点荧光标记的条件，以提高标记效率和选择性？有哪些新型标记试剂或方法可以改进标记的效率和特异性？

2. 如何评估和最大限度地减少标记对蛋白质的不利影响？

3. 在生物学研究中，有时需要同时标记多个蛋白质或使用多通道成像技术。如何进行多重标记，同时确保信号不受相互干扰？

4. 非定点荧光标记在生物学研究中的应用非常广泛，但如何将其应用于特定的生物学问题并实现有意义的发现？有哪些成功的案例可以分享和讨论？

实验 5-1

利用 FITC 对蛋白质进行非定点荧光标记

一、实验设计

本实验采用异硫氰酸荧光素（FITC）学习蛋白质的共价非定点标记原理，涉及牛血清白蛋白（BSA）标记和大肠埃希菌（*E. coli*）标记的操作方法。后续选择葡聚糖凝胶脱盐柱作为纯化手段，学习生物大分子纯化技术以及蛋白质标记效率的计算方法。最后，使用荧光分光光度法来定量检测蛋白质的标记效率，并使用荧光显微镜来观察标记上荧光染料的大肠埃希菌。

二、实验目的

1. 学习蛋白质非定点荧光标记的多种方法。
2. 掌握使用 FITC 标记蛋白质的原理和实验操作。
3. 了解并掌握葡聚糖凝胶脱盐柱脱盐的原理和操作方法。
4. 使用紫外-可见分光光度法检测蛋白质的标记效率。

三、实验器材与试剂

1. 仪器耗材

离心管（1.5 mL，50 mL），培养管，烧杯，离心管架，移液枪，移液枪头，摇床，紫外-可见分光光度计，荧光分光光度计，石英比色皿，盖玻片，载玻片，锡箔纸，铁架台，铁夹，螺旋可调夹子，PD-10 葡聚糖凝胶脱盐柱，透析袋，便携式紫外灯，计时器，荧光显微镜，流式细胞仪等。

2. 材料

菌株：*E. coli* MG1655。

3. 试剂

10×PBS 缓冲液（高压灭菌，pH 9.0），2×PBS 缓冲液（高压灭菌，pH 9.0），1×PBS

缓冲液（高压灭菌，pH 7.4），FITC，BSA 粉末（≥98%），NaHCO$_3$ 缓冲液（1 mol/L，pH 9.0），4%多聚甲醛，再生溶液（0.5 mol/L 氢氧化钠和 0.5 mol/L 氯化钠的等体积混合）等。

四、实验操作

1. 样品准备

(1) BSA 溶液的配置（课前准备）

在分析天平上准确称取 10 mg BSA 粉末于 1.5 mL 离心管中，加入 10 mL 1×PBS 缓冲液（pH 7.4），配置成 1 mg/mL 的溶液，放置于 4 ℃冰箱待用。

(2) E. coli MG1655 菌液的制备（课前准备）

挑取 E. coli MG1655 单菌落于 2 mL LB 液体培养基中，37 ℃、250 r/min 过夜培养；第二天将过夜培养菌液 1∶100 稀释到 15 mL LB 培养基中，OD_{600} 达到 0.2 左右时，8000 r/min 离心 5 min 去除培养基，加入 500 μL 4%多聚甲醛溶液固定 30 min 后，用 500 μL TE 缓冲液洗涤两次，最后重悬于 500 μL TE 缓冲液中，放置于 4 ℃冰箱待用。

(3) FITC 溶液的配置（现配现用，防止异硫氰酸基团的解离降低偶联效率）

① BSA 标记用：在分析天平上准确称取 5 mg FITC 粉末于 1.5 mL 离心管中，加入 1 mL 1×PBS 缓冲液（pH 7.4），配置成 5 mg/mL 的溶液，避光待用。

② 菌液标记用：在分析天平上准确称取 6 mg 的 FITC 粉末于 1.5 mL 离心管中，加入 1 mL DMSO 溶液，配置成 6 mg/mL 的溶液，再用 10×PBS 缓冲液（pH 9.0）以 1∶100 的比例稀释为 60 μg/mL，避光待用。

2. 牛血清白蛋白（BSA）标记策略

(1) FITC 标记(50 μg 荧光染料每 1 mg BSA)

① 移取 200 μL 1 mg/mL BSA 溶液于 1.5 mL 离心管中，加入 20 μL NaHCO$_3$ 缓冲液，充分混匀。

② 上述液体中加入 2 μL 现配的 5 mg/mL FITC 溶液，充分混匀，短暂离心使混合液都处于离心管底部。

③ 用锡箔纸包裹离心管避光，在室温下摇床振荡孵育 60 min。

(2) 标记后 BSA 的纯化

① 脱盐柱装置的搭建：将 PD-10 葡聚糖凝胶脱盐柱通过铁夹子固定在铁架台上，

保证柱体垂直，柱底部接有一根软管，管身携带有一螺旋夹用于调节流速，柱底出口管正下方放置一个烧杯盛接废液。

② 脱盐柱的平衡活化：从柱上端加液，废液从管底软管排出，用 25 mL 左右的 1×PBS 缓冲液过柱平衡。

③ 标记后 BSA 的纯化：

a. 当 PBS 缓冲液液面与脱盐柱柱床上的砂芯平齐时，旋紧软管螺旋夹。用移液枪将反应液贴壁移液铺展于脱盐柱顶，并取 50 μL 的 PBS 缓冲液洗涤离心管，将洗液也转移至脱盐柱内。

b. 旋开螺旋夹使柱内液体下流，当加入液体与柱顶端砂芯相切时，再次旋紧夹子，并加入 2 mL 的 PBS 缓冲液。调节螺旋夹使液体的流速保持在每滴 30～45 s，开始洗脱。

c. 当缓冲液液面再次降至砂芯处时，追加 PBS 缓冲液，并时常用紫外灯观察柱床上的条带，前端的较窄的绿色荧光条带即为 FITC-BSA，用预先准备的洁净 1.5 mL 离心管收集该组分洗脱液。

④ 洗涤脱盐柱：产物条带收集毕，完全松开软管的螺旋夹子，用 PBS 缓冲液洗涤柱子直至残余荧光染料组分完全洗脱离柱。

⑤ 葡聚糖凝胶脱盐柱的再生与保存。

a. 再生：用再生溶液冲洗 3～5 倍柱体积（24.9～41.5 mL），再用蒸馏水洗至中性。

b. 湿法保存：0.1 mol/L 氢氧化钠 2～3 倍柱体积过柱。

(3) 标记效率检测

移取 600 μL 纯化的 FITC-BSA 至石英比色皿，以 PBS 作为空白对照，用紫外-可见分光光度计分别检测在 280 nm 和 494 nm 波长的吸光度，计算其标记效率。

提示：FITC 在 280 nm 和 494 nm 波长处有吸收

$$CF = \frac{\varepsilon_{280}}{\varepsilon_{494}} = 0.3$$

蛋白质只吸收 280 nm 波长的光，对 494 nm 的光几乎不吸收；BSA 在 280 nm 处的摩尔吸光系数为 43824 L/(mol·cm)；FITC 在 494 nm 处的摩尔吸光系数为 68000 L/(mol·cm)。

$$蛋白质浓度(mol/L) = \frac{[A_{280} - (A_{494} \times CF)] \times 稀释倍数}{\varepsilon_{280}}$$

$$每摩尔蛋白质上所带染料摩尔数 = \frac{A_{494} \times 稀释倍数}{\varepsilon_{494} \times 蛋白质浓度(mol/L)}$$

3. 大肠埃希菌 *E. coli* MG1655 蛋白标记策略

(1) 标记

① 取 25 μL 多聚甲醛固定的 *E. coli* MG1655 菌液，4 ℃、8000 r/min 离心 5 min 弃上清液。

② 用 25 μL 10×PBS 缓冲液（pH 9.0）重悬，并加入等体积 60 μg/mL FITC 溶液，混合均匀，在 37 ℃，250 r/min 振摇孵育 1.5 h。

③ 4 ℃、8000 r/min 离心 5 min，并用 50 μL 10×PBS 缓冲液（pH 9.0）洗涤 3 次，重悬于 25 μL 10×PBS 缓冲液（pH 9.0）中。

(2) 流式细胞仪检测

将重悬好的菌液稀释 1000 倍使上样终浓度在 10^6 CFU/mL 左右，在流式细胞仪上进行检测，检测通道为 FITC 通道。

(3) 荧光显微镜检测

① 吸取 5 μL 菌液样本（约 10^9 CFU/mL）于载玻片上，轻轻盖上盖玻片。

注意：显微镜制样时请避免产生气泡。

② 使用荧光显微镜 100×油镜观察并拍摄样品的明场和荧光场，荧光场激发波长 488 nm，曝光时间 1～2 s。

注意：拍摄荧光场时，一个区域最好只曝光一次。

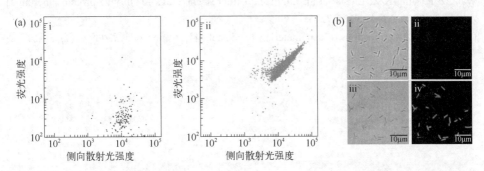

图 5-7 （a）FITC 标记 *E.coli* MG1655 前（i）、后（ii）的流式细胞仪检测结果；（b）FITC 标记 *E.coli* MG1655 的共聚焦显微镜拍摄情况［(i) 阴性对照明场，(ii) 阴性对照荧光场，(iii) 实验组明场，(iv) 实验组荧光场。比例尺为 10 μm］

五、注意事项

1. FITC 易分解，配制好后应尽快使用。

2. 反应体系中，应避免采用具有氨基或伯胺、仲胺组分的缓冲溶液。

3．洗脱过柱时，注意控制好流速，低流速往往利于组分条带浓集，减小稀释效应。

4．整个反应过程要注意避光，强光照射会导致荧光染料猝灭。

六、问题与思考

1．影响荧光染料标记效率的因素有哪些？

2．列举与蛋白质其他衍生化位点（如羧基、巯基、羟基）起反应的荧光染料，简要阐述其标记原理。

3．查阅相关文献，经荧光标记后的抗体有何用途？

4．查阅相关文献，简述当前生物学标记中的主要研究方向和热点。

七、参考文献

[1] Griffin B A, Adams S R, Tsien R Y. Specific covalent labeling of recombinant protein molecules inside live cells [J]. Science, 1998, 281 (5374): 269-272.

[2] Keppler A, Gendreizig S, Gronemeyer T, et al. A general method for the covalent labeling of fusion proteins with small molecules *in vivo* [J]. Nature Biotechnology, 2003, 21 (1): 86-89.

[3] Los G V, Encell L P, McDougall M G, et al. HaloTag: a novel protein labeling technology for cell imaging and protein analysis [J]. ACS Chemical Biology, 2008, 3 (6): 373-382.

[4] Calloway N T, Choob M, Sanz A, et al. Optimized fluorescent trimethoprim derivatives for *in vivo* protein labeling [J]. ChemBioChem, 2007, 8 (7): 767-774.

[5] George N, Pick H, Vogel H, et al. Specific labeling of cell surface proteins with chemically diverse compounds [J]. Journal of the American Chemical Society, 2004, 126 (29): 8896-8897.

[6] Wang Z P, Ding X Z, Li S J, et al. Engineered fluorescence tags for *in vivo* protein labeling[J]. Rsc Advances, 2014, 4 (14): 7235-7245.

[7] Gao J H, Xu B. Applications of nanomaterials inside cells [J]. Nano Today, 2009, 4 (1): 37-51.

专题六

细胞生物正交代谢氟标记

细胞生物正交代谢氟标记（bioorthorgonal metabolic fluorine labeling，BOMFLA）是一种利用细胞代谢标记在特定细胞器或者在细胞特定部分引入生物正交标记，进而通过生物正交反应在标记部分引入含氟基团的技术。这种新兴技术有机结合了多种化学生物学的标志性技术，包括生物正交反应、细胞代谢标记和生物 ^{19}F 核磁共振技术，可以实现对特定细胞的原位波谱分析及特定细胞的活体原位成像，在化学生物学研究领域具有广阔的应用前景。

生物正交化学

生物正交化学（bioorthogonal chemistry）是美国化学家卡罗琳·贝尔托齐（Carolyn R. Bertozzi）教授于 2003 年提出的一个概念，是指那些能够在生物体内进行、不干扰生物自身生化反应同时也不受生物自身生化反应干扰的化学反应，即与生物体系"正交"的化学反应。她也因此获得了 2022 年的诺贝尔化学奖。常见的生物正交反应有连接（ligation）反应和切断（cleavage）反应两大类。生物正交连接反应可以用于生物体系中的标记、修饰及功能调节，因此用途较为广泛。而切断反应则在特定功能的调节（例如酶的活性）方面具有独特的优势。第一个生物正交反应是 Bertozzi 教授于 2000 年左右发展的斯陶丁格连接反应（Staudinger-Bertozzi ligation）[图 6-1（a）]。目前应用最为广泛的生物正交反应是 Bertozzi 教授发展的张力促进的叠氮-炔烃环加成反应（strain-promoted azide-alkyne cycloaddition，SPAAC），其反应参见图 6-1（b）。该反应可用于生物分子的示踪，从而揭示它们在生命过程中发生的时间空间分布及生化反应参与情况等信息。该反应条件温和且与生理环境兼容，可以用于活体中的原位标记。其他生物正交连接反应还有四嗪连接反应（tetrazine ligation）和肟连接反应（oxime ligation）等。常见的切断反应包括四嗪-反式环辛烯脱笼反应（tetrazine-*trans*-cyclooctene decaging）[图 6-1（e）]。北京大学陈鹏教授利用该反应实现了多种蛋白质的时空可控激活。

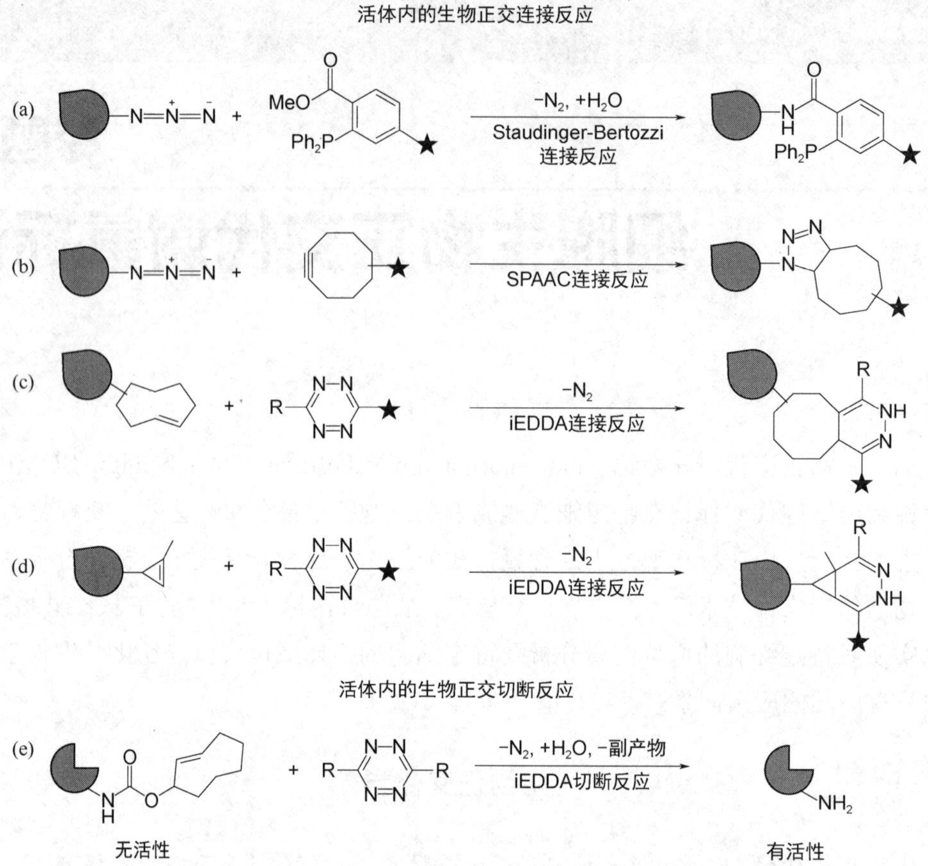

图 6-1 生物正交反应

细胞代谢标记

代谢标记技术是使用非天然的可代谢物，利用细胞内的代谢机制从而实现在细胞器或者细胞的特定部位引入标记的一种技术。这种标记可以是具有谱学性质的基团（如质谱、荧光、核磁共振等），从而可以实现对特定细胞器的分析与成像。这种标记也可以是具有反应活性的基团，从而实现对特定细胞器的修饰，研究其与其它细胞成分的相互作用。此外，这种标记还可以是可进行操控（例如光操控、声操控、热操控、化学反应操控等）的基团，从而实现对细胞器修饰、功能及相互作用的可控调节，为细胞器的研究提供高效的工具。因此，非经典氨基酸的定点修饰可以看作是一种特殊的细胞代谢标记。由于具有这些优点，细胞代谢标记技术在化学生物学和分子生物学等新兴交叉学科中得到了广泛的应用。

经典的代谢标记主要是通过同位素取代构建非天然的可代谢物。这种方式的优点是获得的非天然可代谢物的活性与天然可代谢物的活性几乎没有区别，可以实现高效率的代谢标记。常见的应用方式主要有使用放射性同位素和使用稳定同位素两大类。随着放射性检测技术的不断进步，例如液体闪烁计数（liquid scintillation counting）和正电子发射断层成像（positron emission tomography），放射性同位素代谢标记在测定细胞和活体生理活动方面得到了广泛的应用。例如，^{3}H 标记的胸腺嘧啶可用于细胞增殖的分析，^{35}S 标记的蛋氨酸可用于蛋白质合成检测，^{32}P 标记的磷酸根离子可用于活体的激酶分析，^{14}C 标记的 D-葡萄糖可用于细胞代谢速率的检测。然而，放射性同位素代谢标记也存在一些缺点，例如生物毒性、信号衰减以及放射性废物的处理等。稳定同位素代谢标记所用的核素主要有 ^{2}H、^{15}N、^{13}C 和 ^{18}O 等。这些同位素与天然代谢物中的对应核素存在质量上的差别，因此可以利用质谱进行分析。细胞培养稳定同位素标记（stable isotope labeling by amino acids in cell culture，SILAC）是最常用稳定同位素代谢标记技术。它的原理是在细胞培养基分别添加含有轻同位素的天然必需氨基酸和含有重同位素的非天然必需氨基酸（如 L-Lysine-^{13}C$_6$,^{15}N$_2$ 等），然后利用"轻"培养基和"重"培养基分别培养细胞，实现稳定同位素标记。之后，将细胞样品进行处理并采用高分辨质谱联用技术进行分析，可以定量地获得蛋白质相对表达量以及翻译后修饰等重要信息。这种技术现在已经成为蛋白质组学分析的重要工具，可以检测到非常小的蛋白质表达变化，而且具有检测通量上的优势。例如，一次质谱分析可以检测多达三种实验条件下的结果。稳定同位素代谢标记也存在一些缺点，仅适用于细胞样品，无法适用于组织和体液等医学样品，应用于动物模型的成本非常高，通常难以承受。

近年来，随着生物正交化学的发展，生物正交代谢标记技术异军突起（图 6-2），得到了广泛的应用。生物正交代谢标记是利用含有生物正交基团的非天然可代谢物来进行标记。由于生物正交基团与生物体系自身的生化反应互不干扰，因此进行生物正

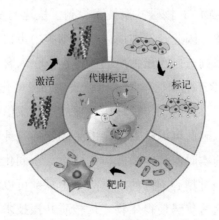

图 6-2 生物正交代谢标记技术及其应用

交代谢标记之后，可以方便地利用生物正交反应来实现靶标的进一步谱学标记、化学修饰与功能调控。例如，利用含有叠氮基的甘露糖胺可以实现对肿瘤细胞细胞膜的叠氮标记，进而可以通过生物正交反应引入荧光分子实现对肿瘤细胞的成像，或者利用生物正交反应引导药物在肿瘤细胞处聚集。而将非天然氨基酸的定点修饰和生物正交脱笼反应结合起来，可以实现对生物体系中特定蛋白质的选择性激活。当然，生物正交代谢标记也存在着一定的不足。例如，生物正交代谢标记所使用非天然可代谢物与天然代谢物在结构上存在着一定的区别，标记效率受到一定的影响，一般低于基于同位素的非天然代谢物。

生物 ^{19}F 核磁共振技术

核磁共振技术是利用磁矩不为 0 的原子核所发生的核磁共振现象来实现对原子核的分析和成像的。常见的磁矩不为 0 的原子核主要有 ^{1}H、^{2}H（D）、^{13}C、^{15}N、^{17}O、^{19}F、^{31}P 等。其中 ^{1}H 的核磁共振灵敏度是所有的天然稳定核素中最高的，又在有机化合物中广泛存在，因此，^{1}H 核磁共振波谱技术在有机化合物的分析和鉴定中得到了广泛的应用。另外，由于生物体中存在着大量的水分子（约 70%），生物体系中 ^{1}H 的浓度也非常高（约 80 mol/L）。因此，对生物体进行 ^{1}H 磁共振成像可以获得很高的分辨率（特别是对于含水较多的软组织），能够揭示生物体的组织结构情况和病变信息，目前已经成为医学影像的重要支柱。然而，生物体系中较高的 ^{1}H 浓度也造成了较高的背景信号，这给利用 ^{1}H 核磁共振技术对生物体系中低浓度的活性分子进行分析和成像带来了巨大挑战。^{19}F 的核磁共振灵敏度在所有的天然稳定核素中仅次于 ^{1}H（约是 ^{1}H 的 94%），具有 100% 的天然丰度，在生物体系中的含量又极低（$<10^{-6}$ mol/L，仅在骨骼和牙齿中少量存在），是用来对生物体系中低浓度的活性分子进行分析和成像的理想核素。因此，近年来生物 ^{19}F 核磁共振技术得到了快速的发展。^{19}F 的化学位移对于周围的化学环境非常敏感，因此经常被用来检测细胞中蛋白质的结构变化。例如，通过非天然氨基酸的定点修饰可以在蛋白质的关键位点引入含 ^{19}F 的基团。当蛋白质构象发生变化时，^{19}F 的化学环境和化学位移也会发生相应变化，从而可以实现对蛋白质结构变化的实时检测。另外，生物 ^{19}F 核磁共振波谱和成像的背景信号极低，其信号主要来自外源性的探针。因此可以针对特定的生物靶标设计相应的 ^{19}F 探针，实现对生物体系中低浓度靶标的实时原位定量分析与成像。不同化学位移的 ^{19}F 具有明显不同的磁共振信号，因此经过精心编码的一系列 ^{19}F 探针可以实现对生物体系中多个靶标的同时检测与成像。这些优势使得生物 ^{19}F 核磁共振技术成为生物医学研究的一项有力工具（图 6-3）。

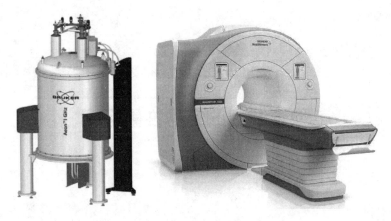

图 6-3　核磁共振波谱仪和磁共振成像仪

综合延伸问题:

1. 请列举出图 6-1 所示生物正交反应的应用实例。
2. 请列举几种常用的生物正交代谢标记分子。
3. 请列举几个生物 ^{19}F 核磁共振技术的应用实例。

实验 6-1

肿瘤细胞的特异性氟标记

一、实验设计

肿瘤细胞膜上有过量表达唾液酸的现象。根据文献报道，乙酰甘露糖胺类似物可以代谢途径转变为唾液酸衍生物，对肿瘤细胞进行有效标记。在本实验中，我们将选择含叠氮基团的乙酰甘露糖胺衍生物（Ac₄ManAz，图 6-4），通过细胞自身的糖代谢途径，转化为叠氮唾液酸与细胞膜的糖蛋白相结合，实现在肿瘤细胞上的叠氮基团标记。之后，引入大环炔基含氟小分子（DBCO-F），利用其可与细胞膜上的叠氮基团发生生物正交反应的性质，达到对肿瘤细胞进行特异性氟标记的目的。利用生物 ^{19}F 核磁共振波谱，即可准确测定肿瘤细胞糖蛋白上特定糖基的含量。

将含有叠氮基团的乙酰甘露糖胺衍生物（Ac₄ManAz）与人非小细胞肺癌细胞系（A549）或人胚肺成纤维细胞（MRC-5）共孵育 48 h。经洗涤后，将预先备好的含有 DBCO-F 的新鲜培养基加入培养皿，37 ℃下继续孵育 6 h。经洗涤后，培养皿中的细胞即可染色进行荧光成像分析或者裂解后配制成核磁样品，上机进行 ^{19}F 核磁共振分析。

二、实验目的

1. 了解生物正交化学和细胞代谢标记的基本原理。
2. 掌握进行细胞内代谢标记和生物正交反应的实验技能。
3. 学习使用生物 ^{19}F 核磁共振技术。

三、实验器材与试剂

1. 仪器耗材

水套式 CO_2 培养箱，生物安全柜，激光共聚焦荧光显微镜，低速离心机，600 MHz 核磁共振波谱仪，纯水机等。

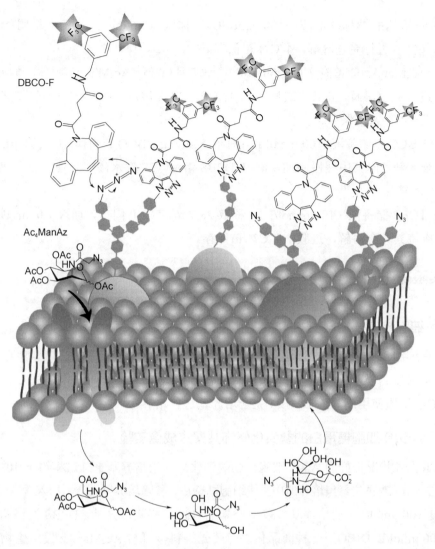

图 6-4　Ac₄ManAz 与 DBCO-F 的化学结构式及其生物正交代谢氟标记过程（见彩插）

2. 材料

细胞系人非小细胞肺癌细胞系（A549）；人胚肺成纤维细胞（MRC-5）。

3. 试剂

DMEM 高糖培养基，0.25%胰蛋白酶溶液，青霉素-链霉素，胎牛血清，DPBS，DMSO，DBCO-F，Ac₄ManAz，RIPA 细胞裂解液，D_2O，75%酒精，三氟乙酸钠等。

4. 溶液配制

① DMEM 完全培养基：所使用的 DMEM 培养基应在培养前加入 10%胎牛血清以及 1%双抗，成为完全培养基。

② 三氟乙酸钠标准溶液（100 mmol/L）：称取 13.6 mg 三氟乙酸钠固体，加入 1.0 mL 超纯水进行完全溶解，4 ℃冰箱保存。

③ Ac$_4$ManAz 储备液（100 mmol/L）：称取 43.0 mg Ac$_4$ManAz 固体，加入 20 μL DMSO 进行完全溶解，向其中缓慢滴加 980 μL DPBS 溶液，37 ℃水浴加热使其完全溶解，过膜，4 ℃冰箱保存。

④ DBCO-F 储备液（100 mmol/L）：称取 53.0 mg DBCO-F 固体，加入 20 μL DMSO 进行完全溶解，向其中缓慢滴加 980 μL DPBS 溶液，37 ℃水浴加热使其完全溶解，过膜，4 ℃冰箱保存。

⑤ TCEP 储备液（100 mmol/L）：称取 28.7 mg TCEP 固体，加入 1.0 mL DPBS 溶液，超声待其完全溶解，过膜，4 ℃冰箱保存。

四、实验操作

1. 细胞培养

所有细胞均在水套式二氧化碳培养箱中培养，培养温度为 37 ℃，湿度为 95%，二氧化碳浓度为 5.0%。细胞培养及传代方法参照 ATCC，具体培养方法如下：A549 和 MRC-5 细胞使用配制的 DMEM 完全培养基进行培养。

2. A549 细胞糖蛋白的叠氮化修饰共聚焦成像实验

选取生长状况良好的 A549 细胞，胰酶消化后，用培养基重悬，将约 1×10^5 个细胞接种到 3.5 cm 玻底共聚焦培养皿中。待细胞贴壁后，移除培养基，分别加入含 Ac$_4$ManAz（终浓度 100 μmol/L）的培养基。37 ℃下孵育 48 h，移除培养基，DPBS 洗涤两次，加入含 100 μmol/L DIBO（一种商品化炔基荧光染料，可与 Ac$_4$ManAz 发生生物正交点击反应，其最大激发波长为 590 nm，最大发射波长为 617 nm）的培养基。37 ℃下避光孵育 1 h，移除培养基。用 DPBS 洗涤一次后，加入含 2 μg/mL Hochest 染料（一种商品化细胞核染料，其最大激发波长为 350 nm，最大发射波长为 461 nm）和 5 μmol/L DiO 染料（一种商品化细胞膜染料，其最大激发波长为 484 nm，最大发射波长为 501 nm）的 DPBS，37 ℃下避光孵育 20 min，弃掉溶液，DPBS 洗涤，而后分别加入 1 mL DPBS。用激光共聚焦显微镜对样品进行拍摄。典型结果参见图 6-5。

3. A549/MRC-5 细胞代谢标记实验

(1) 实验 1

选取生长状态良好的 A549 或 MRC-5 细胞，用胰蛋白酶消化后，在离心管中用 DMEM 完全培养基重悬并稀释至合适的密度。将约 2×10^5 个 A549 或 MRC-5 细胞接种

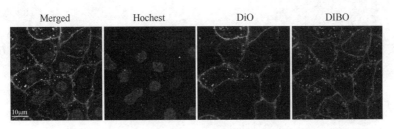

<table>
<tr><td>Merged</td><td>Hochest</td><td>DiO</td><td>DIBO</td></tr>
</table>

图 6-5　细胞共聚焦成像实验检验 A549 细胞代谢标记机制（见彩插）

至 6 cm 细胞培养皿。将 5 μL Ac$_4$ManAz 储备液缓慢加入 5 mL DMEM 培养基中，吹打混匀。待细胞贴壁后，弃掉原有培养基，将上述 5 mL DMEM 培养基沿侧壁逐滴缓慢加入培养皿中，37 ℃下孵育 48 h 后，移除培养基，并用 DPBS 洗涤细胞。在培养皿中分别加入含 100 μmol/L DBCO-F 的培养基，37 ℃下孵育 6 h。弃去培养基，用 DPBS 洗涤细胞 3 次。此时，用细胞计数仪对细胞进行计数并记录数值。紧接着，加入 1.0 mL RIPA 细胞裂解液，用细胞刮将细胞分散，收集于 2 mL 离心管中。细胞裂解完全后，每个样品中取 0.5 mL，同时加入 0.6 μL 预先配制好的三氟乙酸钠标准溶液，配制成核磁样品，转移至核磁管并对其进行检测（600 MHz）。所有的细胞核磁样品中均含 10% D$_2$O。

(2) 实验 2

将约 2×10^5 个细胞密度的 A549 细胞接种于两个 6 cm 培养皿中。细胞贴壁后将两个培养皿中的培养基分别替换为含有 100 μmol/L Ac$_4$ManAz 的培养基和空白培养基，吹打混匀。37 ℃下孵育 48 h 后，移除培养基，并用 DPBS 洗涤细胞。在两个培养皿中分别加入含 100 μmol/L DBCO-F 的培养基，37 ℃下孵育 6 h，移除培养基。DPBS 洗涤 3 次，用细胞计数仪对细胞进行计数并记录数值。而后在两个培养皿中分别加入 1.0 mL RIPA 细胞裂解液。收集两个培养皿中的细胞裂解液，并分别放置于两个 2 mL 离心管中。配制好样品后对其进行检测。细胞裂解完全后，每个样品中取 0.5 mL，同时加入 0.6 μL 预先配制好的三氟乙酸钠标准溶液，配制成核磁样品，转移至核磁管并对其进行检测（600 MHz）。所有的细胞核磁样品中均含 10% D$_2$O。

(3) 实验 3

选取生长状态良好的 A549 细胞，胰酶消化后重悬于培养基中，将约 2×10^5 个细胞接种到两个 6 cm 培养皿中。过夜培养使细胞完全贴壁后，将原有的培养基替换为含有 100 μmol/L Ac$_4$ManAz 的培养基，并在 37 ℃下孵育 48 h。弃去培养基，DPBS 洗涤，在其中一个培养皿中加入含有 10 mmol/L TCEP 的无血清培养基，另一个培养皿中加入空白无血清培养基。37 ℃下孵育 10 min 后，在两个培养皿的培养基中加入 100 μmol/L DBCO-F。37 ℃下孵育 6 h，移除培养基。DPBS 洗涤 3 次，在两个皿中各加入 1 mL RIPA 细胞裂解液。收集两个培养皿中的细胞裂解液，并分别放置于两个 2 mL 离心管中。配制好样品后对其进行检测。

以上实验测试参数要求：$RG = 2050$，$NS = 128$。典型实验结果参见图 6-6。

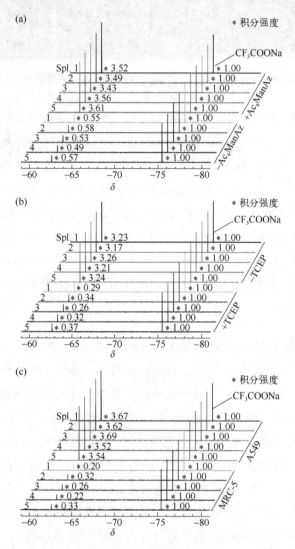

图 6-6　细胞生物正交代谢氟标记的 ^{19}F NMR 谱图

五、注意事项

1. 配制 DBCO-F 储备液应尽量避免超声。

2. 细胞计数时，所取细胞悬浊液应完全混匀。

3. 裂解液裂解细胞时，吹打会产生气泡，此时尽量使用细胞刮处理细胞，移取/混匀细胞裂解液时应避免过度吹打带来过多气泡。

4. 加药时，培养基应沿培养皿侧壁缓慢加入，减少储备液中 DMSO 放热对细胞状态造成的伤害。

六、问题与思考

1. 处理所得的 ^{19}F 核磁共振波谱数据，对数据进行相位调整、基线处理、自动积分计算。

2. 根据细胞计数结果，结合 ^{19}F 核磁共振谱图积分数据，给出代谢标记后单个细胞上含 F 原子核个数计算公式及数值。

3. 比较肿瘤细胞（A549）和正常细胞（MRC-5）的实验结果。查阅相关文献，对实验结果进行分析与讨论。

4. 结合本实验并查阅文献，具体描述乙酰甘露糖胺进入细胞后的糖代谢过程。

七、参考文献

实验参考

[1] Chen D, Lin Y, Li A, et al. Bio-orthogonal metabolic fluorine labeling enables deep-tissue visualization of tumor cells *in vivo* by ^{19}F magnetic resonance imaging [J]. Analytical Chemistry, 2022, 94 (48): 16614-16621.

生物正交反应

[2] Sletten E M, Bertozzi C R. Bioorthogonal chemistry: fishing for selectivity in a sea of functionality [J]. Angewandte Chemie International Edition, 2009, 48 (38): 6974-6998.

[3] Scinto S L, Bilodeau D A, Hincapie R, et al. Bioorthogonal chemistry [J]. Nature Reviews Methods Primers, 2021, 1: 30.

细胞代谢标记

[4] Mann M. Functional and quantitative proteomics using SILAC [J]. Nature Reviews Molecular Cell Biology, 2006, 7 (12): 952-958.

[5] Wang H, Wang R, Cai K, et al. Selective *in vivo* metabolic cell-labeling-mediated cancer targeting [J]. Nature Chemical Biology, 2017, 13 (4): 415-424.

[6] Wang H, Mooney D J. Metabolic glycan labelling for cancer-targeted therapy [J]. Nature Chemistry, 2020, 12 (12): 1102-1114.

[7] Huang L-L, Nie W, Zhang J, et al. Cell-membrane-based biomimetic systems with bioorthogonal functionalities[J]. Accounts of Chemical Research, 2020, 53(1): 276-287.

生物 ^{19}F 核磁共振技术

[8] Yang F, Xiao P, Qu C X, et al. Allosteric mechanisms underlie GPCR signaling to SH3-domain proteins through arrestin [J]. Nature Chemical Biology, 2018, 14 (9): 876-886.

[9] Flögel U, Ahrens E. Fluorine magnetic resonance imaging [M]. 1st ed. Pan Stanford Publishing Pte. Ltd: Singapore, 2017.

功能小分子与底物蛋白质的非共价相互作用研究

生命活动过程中往往涉及多种分子间的非共价相互作用，例如抗体与抗原的结合，酶与底物的结合，以及功能小分子与靶蛋白的相互作用，等等。这些非共价相互作用的先决条件是功能小分子等配体专一地识别蛋白质，即有专一的结合方式和专一的结合部位，从而实现相应的生物功能。在功能小分子与靶蛋白的非共价相互作用研究方面，功能小分子的活性筛选、分子间相互作用位点及作用机制的研究，在药物研发领域具有极其重要的科学意义及社会价值。

功能小分子与蛋白质的相互作用研究的常用方法

目前，研究蛋白质与功能小分子等配体的非共价相互作用的技术手段多种多样，例如光谱学技术（紫外、荧光、圆二色等）、等温滴定量热法（isothermal titration calorimetry，ITC）、表面等离子共振（surface plasmon resonance，SPR）、X 射线晶体衍射、核磁共振（nuclear magnetic resonance，NMR）、质谱（mass spectrometry，MS）以及冷冻电镜（cryo-electron microscopy，Cryo-EM）技术等。本实验在针对 X 射线晶体衍射、核磁共振、质谱三大传统技术给予介绍的同时，也简要介绍近年来引起人们广泛关注的冷冻电镜技术。在此基础上，利用质谱高灵敏、高精度、快速、样品消耗量少以及仪器相对容易获得的特点，设计基于质谱技术的"功能小分子与底物蛋白质的非共价相互作用研究"实验，帮助同学们深入理解研究功能小分子与蛋白质的非共价相互作用的意义、方法及基本策略。

(1) X 射线晶体衍射

X 射线晶体衍射技术在蛋白质-配体复合物研究领域应用较为成熟，可获得高分辨的蛋白质-配体复合物三维结构，直接提供结合部位的结构信息和相互作用机制；检测的蛋白质的尺寸可以较大。基于 X 射线晶体衍射技术的蛋白质-配体复合物相关信息的有效获得，需要依赖于复合物单晶的有效培养。然而，许多生物过程是在溶液状态发生的，而且蛋白质在结晶状态与溶液状态往往具有不同的结构特征。另外，很多蛋白质-配体复合物晶体获得比较困难，并且不一定能形成共结晶，因而，该种方法的使用受到一定的限制。

(2) 核磁共振

早先核磁共振谱仪主要用来检测、解析小分子化合物的结构，而蛋白质等生物大分子结构非常复杂，分析起来难度很大。瑞士科学家库尔特·维特里希（Kurt Wuthrich）发明了"利用核磁共振技术测定溶液中生物大分子三维结构"的新方法，因而获得了 2002 年的诺贝尔化学奖。

溶液 NMR 技术是在接近生理条件的溶液环境中研究蛋白质与配体的相互作用。除了能给出蛋白质与配体发生相互作用的结构特征、结合的强度信息和相互作用机制外，NMR 技术还可以给出完整的蛋白质-配体复合物空间结构和动力学信息。对于分子质量为 20～30 kDa 的蛋白质的结构测定，NMR 结构与 X 射线晶体衍射结构的分辨率相当。现在，每四个投到 PDB（Protein Data Bank）的结构之中，大概就有一个是基于 NMR 数据获得的。

与蛋白质-配体相互作用相关的 NMR 方法和技术是近些年发展的热点之一。各种不同的 NMR 方法可以从多个层次提供蛋白质和配体相互作用的多种信息。然而，NMR 技术研究蛋白质与配体的相互作用也有其局限性。该方法检测灵敏度较低，需要较高浓度和较高稳定性的蛋白质样品，且蛋白质样品需要 ^{15}N 及 ^{13}C 稳定同位素的不同程度标记以帮助确定蛋白质的三维结构；结构测定技术尚在发展，测试和数据处理的时间周期较长；只能测定尺寸比较小的蛋白质（一般小于 30 kDa）。

(3) 冷冻电镜技术

冷冻电镜技术是在毫秒时间尺度内快速将生物大分子冷冻在玻璃态的冰中，利用低温透射电子显微镜收集生物大分子的二维投影，并结合三维重构的方法得到大分子三维精细结构的生物物理学技术。冷冻电镜技术发展到今天已有四十多年，随着关键技术的不断突破，现在已经成为结构生物学中的一种重要结构解析手段。在冷冻电镜技术发展过程中，英国剑桥大学的理查德·亨德森（Richard Henderson）、德裔美国哥伦比亚大学的阿希姆·弗兰克（Joachim Frank）和瑞士洛桑大学的雅克·杜博歇（Jacques Dubochet）3 位科学家发挥了开创性的作用，因而共同获得了 2017 年的诺贝尔化学奖。冷冻电镜技术的优势在于可直接获得复合体在接近生理条件下的结构，不需要蛋白质结晶，得到的结构更接近于生理状态，尤其适用于解析庞大的、难以结晶的、具有一定动态性的生物大分子复合体的精细结构。目前，通过单颗粒分析方法（single particle analysis，SPA），解析生物大分子复合体的精度已推进到原子分辨率水平（0.12～0.22 nm），在结构生物学研究领域展现出极大的应用潜力。另外，冷冻电镜技术还可以实现某个生物大分子复合体的多个构象状态的同时观察和解析，有利于深入理解目标体系在配体（如药物小分子）作用下的高分辨率动态结构变化空间，而其他技术方法则很难实现。

然而，冷冻电镜技术的应用具有一个极大的制约因素，那就是成本太高，一台强大的显微镜（例如 300 kV 冷冻透射电子显微镜）其成本可能超过 4500 万元人民币，而它们每天的运行成本也高达数万元，并且需要专门的实验室来安置，以降低震动干扰。

(4) 质谱技术

质谱分析是化学领域中非常重要的一种分析方法，它通过各种离子化方式使化合物带上电荷，随后测定化合物离子化后的质量与电荷的比值，即质荷比，从而实现对化合物的分子量测定。早期的质谱分析技术只能用于分析小分子和中型分子，对于生物大分子的测定存在很大困难，主要原因是生物大分子分子量大、极性大，导致离子化效率低。随着质谱技术（mass spectrometry，MS）的不断发展，尤其是电喷雾电离（electrospray ionization，ESI）、基质辅助激光解吸电离（matrix assisted laser dissociation ionization，MALDI）等软电离质谱技术的出现，质谱的分析范围从小分子扩展到生物大分子。2002 年，美国科学家约翰·芬恩（John B. Fenn）和日本科学家田中耕一（Koichi Tanaka）分别因发明 ESI 及 MALDI 离子源，而获得当年的诺贝尔化学奖，两人分享了其中的一半奖金，另一半奖金则由前面所提的发明"利用核磁共振技术测定溶液中生物大分子三维结构"新技术的瑞士科学家库尔特·维特里希（Kurt Wuthrich）获得。上述三位科学家的技术发明，分别解决了"看清生物大分子是谁"和"看清生物大分子长什么样"的科学问题，从而有效推动了当今生命科学的快速发展。

质谱因其灵敏、快速、高选择性的特点，不仅可以提供重要的化学计量信息，而且样品用量少（pmol 至 fmol 级）、图谱信息量大，这使得质谱技术在非共价复合物研究方面显示出巨大的应用潜力，与 H/D 交换技术联合可定量描述蛋白质折叠动力学过程，通过"Intensity-Fading"间接的质谱检测技术也可以有效获得蛋白质与配体相互作用位点及作用本质信息。随着质谱技术的不断发展，特别是诸如碰撞诱导解离（collision induced dissociation，CID）、高能碰撞解离（higher energy collisional dissociation，HCD）、电子捕获解离（electron capture dissociation，ECD）及紫外光解离（ultraviolet photodissociation，UVPD）等各种二级质谱解离技术的发展应用，基于质谱的非共价复合物研究技术，不仅成功应用于简单体系中蛋白质-配体复合物研究，而且也拓展到复杂系统中的蛋白质-配体复合物研究领域，例如，细胞膜以及病毒衣壳蛋白质复合物等。近三十年来，其发展历程总结如图 7-1 所示。

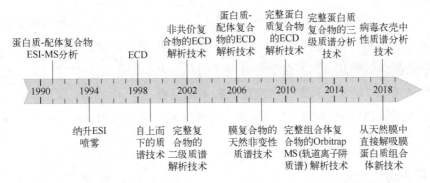

图 7-1　基于质谱技术研究非共价复合物的发展应用时间轴（*Journal of Proteomics*, **2020**, 222: 103799.）

质谱技术研究功能小分子与蛋白质相互作用的基本策略

　　质谱研究蛋白质与配体的非共价键相互作用成功的关键是如何通过调节仪器参数和采取温和的样品制备技术来维持蛋白质在"天然"状态下进行测试。一般情况下，利用质谱技术研究蛋白质或多肽的最灵敏和最稳定条件并不适用于蛋白质非共价键复合物的研究。蛋白质的分子量较大，在质谱中的离子化效率较低。通常，利用质谱对蛋白质进行分子量测定时，蛋白质样品往往溶于含 0.1% HCOOH 或 0.1% CH_3COOH 的含一定比例乙腈或甲醇的水溶液中，从而提高蛋白质的离子化效率及检测灵敏度。然而，这样的条件对维持蛋白质非共价键复合物稳定存在并不有利，很多情况下会使复合物解离。具体来说，pH 值越低，有机溶剂含量越高，蛋白质与配体的非共价复合物越容易解离，如图 7-2 所示。

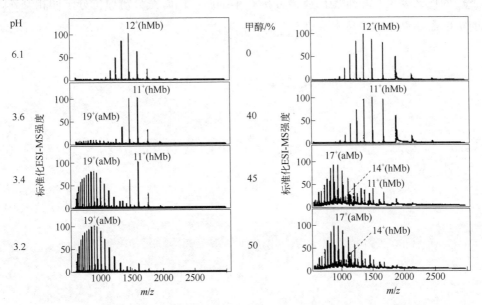

图 7-2　在不同 pH 值及有机溶剂环境下，肌红蛋白在电喷雾质谱中的表现形式
（*Journal of Mass Spectrometry*, **2010**, 45: 618-626.）

总而言之，所有能够导致蛋白质变性的因素，都不利于蛋白质非共价键复合物的稳定存在。质谱测定时的样品缓冲溶液 pH 值、有机溶剂、仪器毛细管温度和电压，都是在研究蛋白质非共价键复合物时要考虑的几个重要因素。

在质谱领域，随着"天然"质谱越来越多地与氢-氘交换质谱、交联质谱、化学标记和相互作用蛋白质组学相结合，"天然"质谱技术已成为结构生物学研究工具箱中的一项关键技术支撑。

综合延伸问题：

1. 基于质谱快速、高分辨、高灵敏、样品消耗量少的特点，利用生物质谱技术研究生物大分子的各种弱相互作用，需要维系待测生物大分子的天然状态，因而需要严格、细致的样品前处理以及生物质谱测试参数的逐项优化。开发更为便捷维系待测样品天然状态且能够快速离子化的生物质谱离子源技术，已成为科学家们的一个研究梦想，以期望快速、高效地实现原位生物样品例如组织样品中的蛋白质相关弱相互作用研究。请同学通过文献检索，调研一下，目前是否已经存在能够较好实现组织样品天然状态的原位快速离子化技术？

2. 现有的高分辨率结构解析方法提供了前所未有的结构和功能细节，但"天然"质谱法非常适合揭示每个生物样品中固有的分子异质性。随着生物质谱技术的不断发展，以及其高分辨、高灵敏性能的不断提升，用于单细胞内的时空分辨原位分子间相互作用研究的质谱技术研发也是令人兴奋的研究焦点。请同学们结合文献调研，思考一下，为什么要进行单细胞的质谱分析？单细胞内的时空分辨原位分子间相互作用研究的实现需要克服哪些技术难点？

实验 7-1

电喷雾质谱研究磷酰基对丙氨酸与 溶菌酶分子间相互作用的影响

　　细胞功能通常是由生物分子间的弱相互作用即非共价键相互作用引起的，如酶与底物、蛋白质与配体、蛋白质与蛋白质及抗原抗体反应等。细胞中的多种反应及过程都是通过一种简单化学事件来调控的，即蛋白质的磷酰化及去磷酰化。N-磷酰化氨基酸是一种具有多种仿生活性的有机小分子，它能自身活化成肽，与醇能成酯或者发生磷上酯交换，当它与核苷反应时能生成核苷酸及其衍生物。

　　电喷雾电离是一项软电离技术，能够在接近天然溶液状态的情况下将弱的蛋白质非共价键复合物从液相转变为气相进行测定，样品分子在电喷雾电离时通常不发生裂解，能够更加真实地反映生物大分子的生理状态。因此，它是一种能快速、灵敏、精确地研究溶液中非共价复合物的方法。

一、实验设计

　　溶菌酶（lysozyme）是一种能够水解细菌细胞壁中黏多糖的碱性蛋白酶，使细胞壁不溶性黏多糖分解成可溶性糖肽，导致细胞壁破裂，内容物逸出，从而使细菌溶解。溶菌酶与带负电荷的病毒蛋白可以直接结合，与 DNA、RNA、脱辅基蛋白形成复合体，从而使病毒失活。溶菌酶广泛存在于人体的多种组织中，鸟类和家禽的蛋清，哺乳动物的眼泪、唾液、血浆、乳汁等液体，以及微生物中也含此酶，其中以蛋清中含量最为丰富。目前，溶菌酶主要以鸡蛋清为提取材料而高效制得，是一种便宜、易得的商品化模型蛋白。

　　本实验以溶菌酶为模型蛋白，利用电喷雾质谱技术研究化学小分子丙氨酸及 N-磷酰化丙氨酸（图 7-3）与溶菌酶的弱相互作用，观察磷酰基对丙氨酸与溶菌酶分子间弱相互作用的影响。

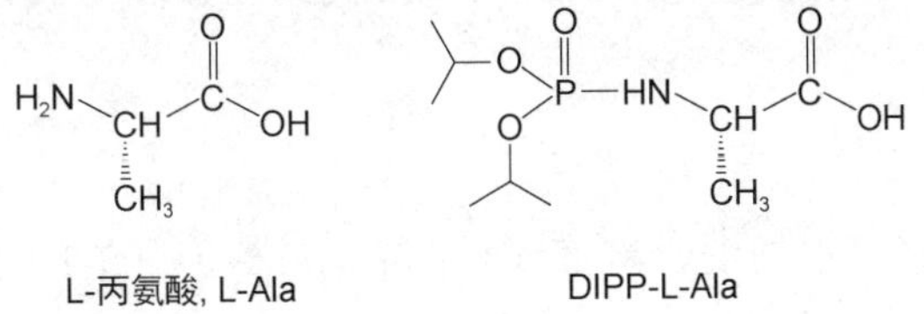

L-丙氨酸, L-Ala　　　　　　DIPP-L-Ala

图 7-3　L-丙氨酸（L-alanine, L-Ala）及 N-磷酰化丙氨酸（DIPP-L-Ala）的结构

二、实验目的

1. 了解电喷雾质谱的工作原理。
2. 了解磷对生命体的意义。
3. 掌握电喷雾质谱研究生物大分子与小分子相互作用的基本方法。

三、实验器材与试剂

1. 仪器耗材

电喷雾离子阱质谱仪（德国布鲁克道尔顿公司 ESI-ESQUIRE-3000plus，图 7-4），精密分析天平（赛多利斯精密天平 BT224S，精确读数 0.1 mg），旋涡混合仪，10 μL、200 μL、1000 μL 移液枪各 1 把，移液枪头，1.5 mL 超滤离心管，1 mL 一次性注射器，0.22 μm 聚醚砜树脂（PES）针式过滤头。

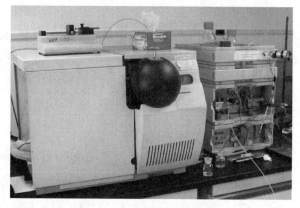

图 7-4　德国布鲁克道尔顿公司 ESI-ESQUIRE-3000plus 电喷雾离子阱质谱仪

2. 试剂

L-丙氨酸（L-Ala，$M_w = 89$），N-磷酰化丙氨酸（DIPP-L-Ala，$M_w = 253$，生命有机磷实验室提供或按文献方法制备），鸡蛋清溶菌酶（HEWL，$M_w = 14306$），所用溶剂甲醇为色谱纯，去离子水为实验室自制（超纯水 Milli-Q 纯化，出水电阻 18.2 MΩ·cm）。L-丙氨酸 L-Ala 及 N-磷酰化丙氨酸 DIPP-L-Ala 的结构如图 7-3 所示。

四、实验操作

① 用甲醇与去离子水的混合溶液（$V_{CH_3OH} : V_{H_2O} = 1:1$）配制待测 HEWL 溶液（0.026 mmol/L），HEWL 与 DIPP-L-Ala 的混合溶液（HEWL 0.026 mmol/L，DIPP-L-Ala

0.78 mmol/L），HEWL 与 L-Ala 的混合溶液（HEWL 0.026 mmol/L，L-Ala 0.78 mmol/L）。0.22 μm 聚醚砜树脂（PES）针式过滤头过滤。

② 质谱条件设置：毛细管温度 200 ℃；雾化气压力 4.5 psi（31 kPa）；干燥气流速 7 L/min；扫描范围 1000～2500 m/z；正离子模式；用流动注射泵进样，流速为 2 μL/min。化合物稳定性（compound stability）为 80%。平均值（average）为 7。滚动平均值（rolling average）：No.22。

③ 分别对 3 种待测样品溶液进行质谱检测。待总离子流稳定后，保存此时的扫描谱图，最后利用仪器自带的 Data Analysis 数据分析软件进行数据分析，分析 3 张质谱图的差异，探讨产生差异的原因。

五、注意事项

在实验的准备及实施过程中，有以下 5 点注意事项：

1. 样品配制所需溶剂要用色谱纯，降低质谱检测的背景噪声。

2. 质谱仪器分析样品之前，可以由专任老师清洗质谱离子源的喷雾腔等前端离子通道，降低质谱检测的背景噪声。

3. 样品配制完成后，需要用 0.22 μm 聚醚砜树脂（PES）针式过滤头过滤，除去不溶颗粒，以免堵塞质谱喷针（不溶颗粒产生的原因主要是样品溶解不充分，或是溶剂、药品等存在难溶性机械杂质）。

4. 质谱仪器是相对昂贵的大型仪器，进行质谱分析前，同学们根据任课老师的质谱分析基本操作的教学演示，了解操作过程的基本注意事项；同学们在实验过程中，应学会质谱分析样品的配制基本操作，学会质谱进样的全流程；整个质谱分析过程应由专任教职人员全程监看。

5. 质谱进样的全流程简要概括为以下 6 步：①样品状态确认（澄清、透明，无沉淀、无悬浮物、无难挥发盐）；②清洗进样针管路（清洗后存储一张背景质谱信号谱图，为后期实验结果谱图分析提供对比参考）；③进样、采集、存储数据；④停止进样；⑤分析数据；⑥清洗进样针管路。

六、问题与思考

1. 所得 3 种样品溶液的质谱图存在哪些差异？

2. 为什么电喷雾电离是一种软电离源？它的工作原理是什么？生物大分子在电喷雾质谱中的表现形式是什么？

3. MALDI 离子源的工作原理是什么？其质谱技术的特点是什么？对生物大分子检测的谱图表现形式与 ESI 离子源有什么不同？

实验 7-2

肌红蛋白的电喷雾质谱研究

功能小分子与底物蛋白质的相互作用研究的最为典型的应用就是酶的抑制剂筛选。基于质谱技术的酶抑制剂筛选方法可分为直接筛选法［图 7-5（a）、（b）］和间接筛选法［图 7-5（c）］。图 7-5（a）直接检测酶-抑制剂复合物；（b）钓取酶-抑制剂复合物后，通过测试条件的改变，实现复合物的解离，利用质谱直接检测、鉴定小分子抑制剂；（c）以酶的真实底物的酶解产物为"报告分子"，利用质谱检测"报告分子"间接实现抑制剂的筛选。

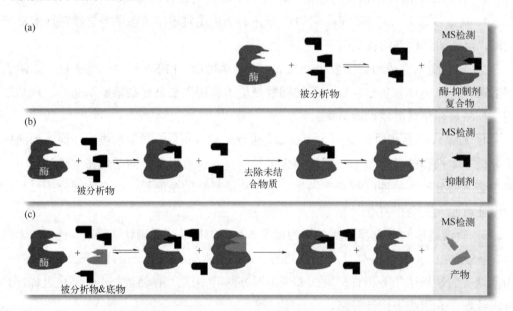

图 7-5　基于质谱技术的酶抑制剂筛选策略（*Trends in Analytical Chemistry*, **2007**, 26(9): 867-883.）
（a）酶与抑制剂复合物的直接检测（detection of enzyme-inhibitor complex）；（b）复合物解离后对抑制剂直接检测（detection of inhibitor after complex dissociation）；（c）酶的真实底物的水解产物为报告分子的检测（detection of reporter molecules）

肌红蛋白（myoglobin）是由一条肽链和一个血红素辅基组成的结合蛋白，是肌肉内储存氧的蛋白质。肌红蛋白是组成骨骼肌和心肌的主要蛋白质。当肌肉损伤时，肌红蛋白就从肌肉组织中漏到循环血液中，使血清肌红蛋白浓度增加。临床上常用该指标来判断是否发生肌肉损伤。由于肌红蛋白自身就是通过血红素辅基与蛋白质链的弱相互作用而形成的结合蛋白，常用其来衡量与蛋白质有关的非共价键复合物的质谱测试参数的有效性。

一、实验设计

本实验选择肌红蛋白为模型蛋白，在不同溶液环境及质谱仪器测试条件下，考察肌红蛋白复合物在电喷雾质谱全扫描中的表现形式，优化出最佳的肌红蛋白复合物的检测条件，考察肌红蛋白的测试条件对其复合物测定的影响。

同时，模拟酶-抑制剂筛选的直接检测方法［图 7-5（b）］，研究肌红蛋白复合物完全解离的最佳检测条件，通过测试条件的改变，实现复合物的解离，利用二级质谱直接检测、鉴定功能小分子——血红素辅基的分子量及结构信息。

二、实验目的

1. 了解研究功能小分子与蛋白质非共价复合物的基本技术策略。
2. 掌握生物质谱 ESI 及 MALDI 离子源的基本工作原理及应用特点。
3. 掌握基于质谱技术的功能小分子与蛋白质非共价复合物研究的基本策略及实验方法。
4. 掌握质谱样品前处理除盐、除沉淀等不溶物的实验方法。

三、实验器材与试剂

1. 仪器耗材

电喷雾离子阱质谱仪（德国布鲁克道尔顿公司 amaZon SL，图 7-6），精密分析天平（赛多利斯精密天平 BT224S，精确读数 0.1 mg）；漩涡混匀仪（北京大龙 MX-S 可调式混匀仪），0.22 μm 聚醚砜树脂（PES）针式滤头，1 mL 一次性注射器等。

图 7-6 德国布鲁克道尔顿公司 amaZon SL 电喷雾离子阱质谱仪

2. 试剂

肌红蛋白（Myoglobin，$M_w \approx 17500$，购自上海生工），超纯水（Milli-Q 纯化，出水电阻 18.2 MΩ·cm，Millipore，Bedford，MA，美国），甲醇（色谱纯，Merck，德国），乙酸（色谱纯，Sigma）等。

四、实验操作

1. 样品配制

① 溶液 A：称取 1 mg 马心肌红蛋白于 1.5 mL 离心管，加入 1 mL 超纯水，涡旋混合仪中混匀，国产 0.22 μm 聚醚砜树脂（PES）针式过滤头过滤，备用。

② 溶液 B1～B5：分别取 100 μL 溶液 A 于 1.5 mL 离心管中，再分别加入 0 μL、100 μL、200 μL、300 μL、400 μL 甲醇，以及 400 μL、300 μL、200 μL、100 μL、0 μL 二次过滤水，漩涡混合仪中混匀，备用。

③ 溶液 B6～B10：分别取 100 μL 溶液 A、10 μL 0.1%醋酸水溶液于 1.5 mL 离心管中，再分别加入 0 μL、100 μL、200 μL、300 μL、400 μL 甲醇，以及 400 μL、300 μL、200 μL、100 μL、0 μL 二次过滤水，漩涡混合仪中混匀，备用。

2. 仪器操作

① 全扫描质谱：正离子模式；用流动注射泵进样，流速为 40 μL/min；扫描范围 600～2200 m/z；目标分子量（target mass）1200；干燥温度（dry temperature）220 ℃；雾化气压力（nebulizer）7 psi；干燥气流速（dry gas）4.5 L/min；平均值（average）5；滚动平均值（rolling average）15。

② MS/MS 质谱：正离子模式；用流动注射泵进样，流速为 40 μL/min；扫描范围 100～800 m/z；目标分子量（target mass）616；干燥温度（dry temperature）220 ℃；雾化气压力（nebulizer）7 psi；干燥气流速（dry gas）4.5 L/min；平均值（average）5；滚动平均值（rolling average）0。

③ 数据分析：利用仪器自带 Compass Data Analysis 软件中 Deconvolution 模块进行数据解析。

五、注意事项

1. 实验过程涉及大型质谱仪器的使用，听从教学指挥，不擅自触碰使用仪器，以免损伤仪器或个人。

2．制备的测试样品澄清、透明，不含无机难挥发盐，防止堵塞喷雾针，浓度适中，避免污染质谱离子源。离子源一旦污染，会降低目标化合物的离子化效率，抑制其分子离子峰。

六、问题与思考

1．如何根据化合物的极性及分子量的大小选择测试质谱的离子源？

2．什么样的化合物及实验条件适合质谱的正离子模式测试？

3．蛋白质样品的脱盐处理有哪些方法？

4．不同溶剂条件下的 Myoglobin 质谱图存在哪些差异？

5．二级质谱表现出的小分子结构特点是什么？

6．生物大分子在电喷雾质谱中的表现形式是什么？它与 MALDI-MS 有何不同？

七、参考文献

[1] Kay L E, Gardner K H. Solution NMR spectroscopy beyond 25 kDa[J]. Curr. Opion. Struc. Biol., 1997, 7: 722-731.

[2] Eva N, Sjors H W S. Cryo-EM: A unique tool for the visualization of macromolecular complexity[J]. Molecular Cell, 2015, 58, 677-689.

[3] 张瑞萍, 再帕尔·阿不力孜. 分子间非共价相互作用的质谱分析方法研究进展[J]. 分析测试学报, 2005, 24(1):117-122.

[4] Downard K. M. Indirect study of non-covalent protein complexes by MALDI mass spectrometry: origins, advantages, and applications of the "intensity-fading" approach [J]. Mass Spectrometry Reviews, 2016, 35: 559-573.

[5] Erba E B, Signor L, Petosa C. Exploring the structure and dynamics of macromolecular complexes by native mass spectrometry [J]. Journal of Proteomics, 2020, 222: 103799.

[6] Lin X, Zhao W J, Wang X. Characterization of conformational changes and noncovalent complexes of myoglobin by electrospray ionizationmass spectrometry, circular dichroism and fluorescence spectroscopy [J]. Journal of Mass Spectrometry, 2010, 45: 618-626.

[7] 付川, 蔡谊敏, 刘艳, 等. 推荐一个化学生物学教学实验——电喷雾质谱研究磷酰基对丙氨酸与溶菌酶分子间相互作用的影响[J]. 大学化学, 2008, 23(6): 43-46.

[8] Ji G J, Xue C B, Zeng J N, et al. Synthesis of N-(diisopropyloxyphosphoryl) amino acids and peptides [J]. Synthesis, 1988, 6: 444-448.

[9] de Boer A R, Lingeman H, Niessen W M A, et al. Mass spectrometry-based biochemical assays for enzyme inhibitor screening[J]. Trends in Analytical Chemistry, 2007, 26(9): 867-883.

[10] 张于锰, 陈语嫣, 刘艳. 电喷雾多级质谱研究功能小分子与蛋白质的非共价相互作用——推荐一个化学生物学教学实验[J]. 大学化学, 2021, 36(12): 2102062.

附录

附录 1

常用仪器设备使用规程

一、荧光分光光度计（日立 F-4500）

1. 适用范围

用于测试液体、固体粉末、薄膜等材料在常温及低温（除薄膜）条件下的荧光分析、发光分析、磷光分析。可进行三维测量，波长扫描（荧光、磷光、发光光谱），时间扫描（荧光、磷光、发光时间），定量分析（荧光、磷光、发光），磷光寿命测定，叁波长测定。可在发光材料、生化、医药等领域应用。

2. 主要技术指标

（1）波长范围 200～900 nm。

（2）扫描速度可达 30000 nm/min。

（3）同等条件下最高灵敏度 $S/N \geqslant 100 : 1$（水的拉曼峰，Ex 350 nm，带宽 5.0 nm，响应 2.0 s）。

3. 日立 F-4500 荧光分光光度计操作方法（以定量分析为例）

（1）开机前首先确认仪器主机上两个开关：POWER/MAIN 均处于关闭状态（扳向"O"处）。

（2）先接通电源开关（POWER），5 s 后（待风扇正常运转）按下氙灯按键，当氙灯点燃（黄灯亮起不灭）后，再接通主开关（MAIN），此时主开关上方绿灯连闪三下。

（3）接通电脑及外设电源，点击"FL solutions"图标，打开仪器工作程序窗口。

（4）将待测溶液倒入荧光比色皿，用擦镜纸拭去荧光比色皿外侧溶液，打开仪器盖，将荧光比色皿放入仪器中的专用位置，盖好盖子。

（5）点击"Method"图标。在打开的框图中，点击"General"图标，"Measurement"中选择"Wavelength"方式；点击"Instrument"图标，选择扫描方式为"Emission"，固定激发波长为某一整数值 X，发射扫描开始波长为"$X+20$"nm，发射扫描结束波长为"$2X-20$"nm，但发射扫描结束波长最大不超过 900 nm。

（6）点击"测量"图标，开始进行发射光谱扫描。仪器结束扫描后自动给出相应的测量参数和最大发射波长及对应的荧光强度。

（7）点击"Method"图标。在打开的框图中，点击"Instrument"图标，选择扫描方式为"Excitation"，发射波长选择刚才所得的最大发射波长数值 Y，激发扫描开始波长为"$1/2Y+20$"nm，激发扫描结束波长为"$Y-20$"nm。

（8）点击"测量"图标，开始进行激发光谱扫描。仪器结束扫描后自动给出相应的测量参数和最大激发波长及对应的荧光强度。

（9）将激发波长设为步骤（8）确定的数值。重复步骤（5）至步骤（8），直至获得的激发波长和发射波长的数值不再明显改变为止。

（10）点击"Method"图标，在打开的框图中，点击"General"图标，选择"Photometry（光度计）"方式，选择"使用样品表"；点击"定量"图标，"定量"为波长，"校正曲线"为 1 级，"浓度"为 mg/L，"小数点后位数"为 1；点击"Instrument"图标，在 Ex 和 Em 项填写获得的最佳激发波长和发射波长数值，"重复"为 3，"波长"为两者波长固定；点击"标准"图标，"样品数"为 6，栏中分别输入相应溶液的浓度。点击"确定"。（参数设置以实际需要为准）

（11）点击"样品"图标，选择测定的样品数目，点击"确定"。

（12）将待测溶液装入荧光比色皿，放入仪器荧光架。点击"测量"，按提示逐步操作。记录测量样品溶液的荧光强度、浓度、回归方程、相关系数及样品溶液浓度，计算含量。

（13）工作结束后，清洗荧光比色皿，关闭仪器工作程序窗口。

（14）关机顺序逆开机顺序实施操作，当电源开关关闭后 5 s，再次接通 10 min。最后关闭电源开关。

注：不详之处请参考仪器的《简易操作方法》或《仪器使用说明书》。

二、凝胶成像系统（BIO-RAD Gel-Doc™ XR+）

凝胶成像系统（BIO-RAD Gel-Doc™ XR+）的操作规程如下：

（1）开机：打开电脑和设备（左后方）。

（2）打开软件（Image Lab 3.0）。

（3）点击"新建实验协议"，设置实验协议：

① "获取设置"选中"凝胶成像"（默认）；

② 选择"应用程序"；

③ 点击"放置凝胶"，将凝胶置于仪器内，调好位置并调整放大或缩小比例。

（4）点击"运行实验协议"。

（5）保存结果。

三、全温振荡培养箱（知楚 ZQZAK75AS）

1. 触摸屏参数设置

点击运行参数，USER 选项中输入密码 3（点击右侧小键盘图标即可输入）进入设置界面，可以设置：

① "温度"（4～60 ℃）；

② "转速"（最高 300 r/min）；

③ "时间"（0 为常开）；

④ "制冷模式"（默认设置"自动"即可，若需长时间低温培养请调成"常开"）。

2. 使用注意事项

（1）使用培养样品时勿将紫外灯打开，以免影响培养效果。

（2）检查摇盘的运动轨迹中是否有物体阻挡或是接触，若有请清除。

（3）若摇盘带有固定螺栓，请检查固定螺栓是否锁紧。

（4）培养箱使用时出现超温报警，检查制冷模式是否处于"关闭"的状态。

（5）若样品打碎在摇床内部，请及时清洁，并使用紫外灯灭菌，以防污染其他样品。

四、二氧化碳培养箱的使用方法及注意事项

1. 使用方法

二氧化碳培养箱（Thermo 3111 型水套培养箱）的使用方法如下：

（1）把减压阀出气压力调到 0.06 MPa，最大不能超过 0.1 MPa。

（2）按"Mode"键选"Set"设定你所需要控制的值，按左右箭头选择设定项，如TEMP是温度设定，OTEMP是超温报警设定，CO_2是二氧化碳设定。然后，按上下箭头设定新的数值，最后按"Enter"键确认保存。

（3）如果报警显示"Add Water"，表示设备里的水套缺水，请用蒸馏水并使用附件提供的漏斗一直加到设备不报警为止。

（4）如果显示"Replace HEPA"，只是提醒您需要更换箱内高效过滤器，不是表示设备有问题，如果您不想更换可以照常使用。

（5）如果不用二氧化碳，请把二氧化碳设定到零点，否则过15 min后会报警。

（6）培养箱在使用时，室内温度要保持在28 ℃以下，特别是夏天需要24 h开空调，否则设备会超温报警。

（7）培养箱在使用时，需定期检查增湿盘内是否缺水，如果缺水请务必加蒸馏水。

（8）可用70%酒精或中性不含氯的消毒剂给培养箱培养室做定期的常规消毒。

（9）培养箱如果长期不使用，请切断电源，把增湿盘拿出来并且把箱内擦干净。

2. 注意事项

（1）应等到箱内温度完全稳定后（达到设定温度12 h后），再开始加气（设定气体浓度值），加气之前应确认 CO_2 显示为零，否则，要先将显示调零再加气，以保证箱内 CO_2 浓度准确性。通常为第一天开机升温，第二天加气。

（2）当显示 CO_2 浓度值达到设定值 15 min 后，测出箱内 CO_2 实际浓度，并按"Mode"键至"Cal"模式，按"←"或"→"至"$CO_2CAL\times\times.\times\%$"，用"↑"或"↓"将显示改为所测出的实际值，按"Enter"确认，并按"Mode"键至"Run"模式。

五、二氧化碳钢瓶的使用方法及注意事项

1. 使用方法

（1）使用前检查连接部位是否漏气，可涂上肥皂液进行检查，调整至确实不漏气后才进行实验。

（2）使用时，先逆时针打开钢瓶总开关，观察高压表读数，记录高压瓶内总的二氧化碳压力。然后顺时针转动低压表压力调节螺杆，使其压缩主弹簧将活门打开。这样进口的高压气体，由高压室经节流减压后进入低压室，并经出口通往工作系统。使用后，先顺时针关闭钢瓶总开关，再逆时针旋松减压阀。

2. 注意事项

（1）防止钢瓶的使用**温度**过高。钢瓶应存放在阴凉、干燥、远离热源（如阳光、暖气、炉火）处，不得超过 31 ℃以免液体 CO_2 温度升高、体积膨胀而形成高压气体，产生爆炸危险。

（2）钢瓶千万**不能卧放**。如果钢瓶卧放，打开减压阀时，冲出的 CO_2 液体迅速气化，容易发生导气管爆裂及大量 CO_2 泄漏。

（3）减压阀、接头及压力调节器装置正确连接，且无泄漏、没有损坏、状况良好。

（4）**CO_2 不得超量填充**。对于液化 CO_2 的填充量，温带气候的地区不要超过钢瓶容积的 75%，热带气候的地区不要超过 66.7%。

（5）旧瓶定期接受安全检验。超过钢瓶使用安全规范年限接受压力测试合格后，才能继续使用。

注：细胞培养时（Thermo 3111 型水套培养箱）把减压阀出气压力调到 0.06 MPa，最大不能超过 0.1 MPa。

附录 2

主要试剂的配制

1. 5 mol/L NaOH 溶液

5 mol/L NaOH 溶液的配制涉及放热效应，应小心配制。将 20 g NaOH 固体慢慢加到 80 mL 水中，边加边连续搅拌，完全溶解后，定容至 100 mL，在塑料容器中室温保存（无须除菌）。

2. 3 mol/L HCl 溶液（不用精确，调 pH 用，浓盐酸约 12 mol/L）

量取 25 mL 浓盐酸，加水定容至 100 mL。

3. 0.2 mol/L Tris-HCl 溶液（pH 8.0）

将 0.1 mol Tris，加到 400 mL 水中，用 HCl 调节溶液的 pH 值至 8.0（需 3 mol/L HCl 约 20 mL），加水定容至 500 mL，分装后高压蒸汽灭菌。

高压蒸汽灭菌：压力升至 15 psi（1.05 kg/cm^2，1 psi=6895 Pa），维持 15～30 min。

4. 0.1 mol/L EDTA 溶液（pH 8.0）

将 0.01 mol EDTA 加到 70 mL 水中，用 NaOH 调节溶液的 pH 值至 8.0（约需 1 mol/L NaOH 10 mL），定容至 100 mL，分装后高压蒸汽灭菌。【配制 0.5 mol/L EDTA 时，需用 NaOH 调节溶液的 pH 值至接近 8.0 时，EDTA 二钠盐才会溶解。】

5. SDS 溶液（10%，m/V）

SDS 即十二烷基硫酸钠。用 90 mL 水溶解 10 g SDS。加热到 68 ℃并用磁力搅拌器搅拌有助于溶解。如果有需要，用 HCl 调节 pH 值至 7.2。加水定容至 100 mL。室温保存。无须灭菌，不要蒸汽高压。

6. STE 溶液（10 mmol/L Tris-HCl 溶液，1 mmol/L EDTA 溶液，0.1 mol/L NaCl 溶液，pH 8.0）

用 60 mL 水溶解 0.585 g NaCl，加入 5 mL 0.2 mol/L Tris-HCl 溶液（pH 8.0）和 1 mL 0.1 mol/L EDTA 溶液（pH 8.0），定容至 100 mL。

7. 溶液 I [50 mmol/L 葡萄糖（M_w=180）溶液，25 mmol/L Tris-HCl 溶液，10 mmol/L EDTA 溶液，pH 8.0]

量取 12.5 mL 0.2 mol/L Tris-HCl 溶液（pH 8.0），10 mL 0.1 mol/L EDTA 溶液（pH 8.0），50 mL 蒸馏水，加入 0.9 g 葡萄糖（无水），溶解后定容到 100 mL，保存于 4 ℃。

8. 溶液 II [0.2 mol/L NaOH 溶液，1%（m/V）SDS 溶液]

2% SDS 溶液和 0.4 mol/L NaOH 溶液，在使用前等体积混合，室温下使用。

9. 溶液 III（3 mol/L CH₃COOK 溶液，2 mol/L CH₃COOH 溶液）

用 60 mL 水溶解 29.44 g CH₃COOK 溶液（M_w=98.14），加入 11.43 mL 冰醋酸，用蒸馏水定容至 100 mL，保存于 4 ℃，用时置于冰浴中。

10. 培养基

（1）LB 固体培养基：0.5 g 酵母提取物，1 g 胰蛋白胨，1 g NaCl，加蒸馏水 100 mL，用 5 mol/L NaOH 溶液调节至 pH 7.4，高压蒸汽灭菌。

（2）LB 液体培养基：0.5 g 酵母提取物，1 g 胰蛋白胨，1 g NaCl，1.5 g 琼脂，加蒸馏水 100 mL，用 5 mol/L NaOH 溶液调节至 pH 7.4，高压蒸汽灭菌。

（3）选择性 LB 液体培养基：在 LB 液体培养基中加入适量卡那霉素储备液，现用现配或 4 ℃储存备用。

11. 氯化钙溶液（0.1 mol/L）

用蒸馏水溶解 0.1 mol 氯化钙，定容至 1 L，分装后高压蒸汽灭菌，贮存于 4 ℃。

12. 二甲亚砜（DMSO）

购买高级别的 DMSO（色谱纯或更好）。将所购买的试剂用灭菌管分装成 1 mL 一份，盖紧后贮存于 -20 ℃。一份只能用一次。

13. IPTG 溶液（20%，m/V）

IPTG（isopropyl β-D-thiogalactoside）为异丙基硫代-β-D-半乳糖苷。分子式为 C₉H₁₈O₅S，分子量 238.30。一般将 IPTG 配成 20%（m/V；约 0.84 mol/L，200 mg/mL）的母液。用 4 mL 蒸馏水溶解 1 g 的 IPTG 粉末，加蒸馏水定容至 5 mL。用 0.22 μm 过滤器过滤除菌，分装后贮存于 -20 ℃。常温下，IPTG 溶液可以保存一个月的时间。IPTG 固体粉末置于 2~8 ℃可以存放长达 5 年之久。诱导表达蛋白时，IPTG 的工作浓度在 0.1~2 mmol/L 之间。

准备手册中配制 50 mg/mL，即 5%（m/V）。

14. PBS 溶液

称取 8.0 g NaCl、0.2 g KCl、0.24 g KH_2PO_4、0.01 mol Na_2HPO_4 溶于 800 mL 的蒸馏水中，调节 pH 值到 7.4，定容为 1 L。

15. 6×凝胶加样缓冲液

0.25%（m/V）溴酚蓝溶液

0.25%（m/V）二甲苯青 FF 溶液

40%（m/V）蔗糖水溶液

16. 2×SDS 凝胶加样缓冲液

100 mmol/L Tris-HCl 溶液（pH 6.8）

4%（m/V）SDS 溶液（电泳级）

0.2%（m/V）溴酚蓝溶液

20%（V/V）甘油溶液

200 mmol/L 二硫苏糖醇（DTT）溶液或 β-巯基乙醇溶液

17. TAE

工作液（1×）：40 mmol/L Tris-乙酸溶液，1 mmol/L EDTA 溶液

贮存液（50×）：242 g Tris 碱，57.1 mL 冰醋酸，100 mL 0.5 mol/L EDTA 溶液（pH 8.0）

18. Tris-甘氨酸电极缓冲液

配成 5×贮存液，在 900 mL 去离子水中溶解 15.1 g Tris 碱和 94 g 甘氨酸，然后加入 50 mL 10%（m/V）电泳级 SDS 贮存液，用去离子水补至 1000 mL 即可。

19. 考马斯亮蓝染色液（45%甲醇、10%冰醋酸）

量取 450 mL 甲醇、450 mL 水、100 mL 冰醋酸，混合后溶解 2.5 g 考马斯亮蓝 R250，Whatman 1 号滤纸过滤。

20. 考马斯亮蓝脱色液（30%甲醇、10%冰醋酸）

量取 300 mL 甲醇、100 mL 醋酸，加水定容至 1 L。

21. 过硫酸铵溶液（10%，m/V）

在 10 mL 水中溶解 1 g 过硫酸铵，贮存于 4 ℃。过硫酸铵在溶液中会慢慢衰变，故

贮存液只能存放 2～3 周。

22. 非天然氨基酸（UAA1）储存液（50 mmol/L）

称取 192 mg UAA1 溶解于 13 mL 去离子水，若溶解有困难，可先调 pH 至碱性待其溶解完全后再调回中性，定容至 15 mL，用 0.22 μm 过滤器过滤除菌，分装后贮存于−20 ℃冰箱中。

23. 阿拉伯糖溶液（200 mg/mL）

称取 2 g L-阿拉伯糖，溶解于 8 mL 超纯水中，定容至 10 mL，用 0.22 μm 过滤器过滤除菌，分装后贮存于−20 ℃冰箱中。

24. TBTA 储存液（10 mmol/L）

称取 5.3 mg TBTA 溶解于 1 mL DMSO 和 ^{t}BuOH（叔丁醇）的混合溶液（1∶4，体积比）中，−20 ℃冰箱冻存。

25. CuSO$_4$储存液（10 mmol/L）

称取 2.50 mg CuSO$_4$·5H$_2$O 溶解于 1 mL 去离子水，贮存于−20 ℃冰箱中。

26. 抗坏血酸钠溶液（20 mg/mL）

称取 20 mg 抗坏血酸钠溶解于 1 mL 去离子水，现配现用。

27. Azide Fluor 488 储存液（1 mg/mL）

将 1 mg Azide Fluor 488 溶解于 1 mL DMSO，贮存于−20 ℃冰箱中。

28. FITC 溶液（5 mg/mL）

称取 2.0 mg FITC 溶于 0.4 mL DMSO 中，现配现用。

29. FITC 溶液（60 μg/mL，细菌标记用）

12 μL 5 mg/mL FITC 溶液稀释至 1 mL，现配现用。

30. 抗生素

硫酸卡那霉素（30 mg/mL）：实验时 1.67∶1000 添加，终浓度 50 μg/mL。
氨苄西林溶液（10 mg/mL）：使用时 1∶100 添加，终浓度 100 μg/mL。
氯霉素溶液（CHL，50 mg/mL）：实验终浓度为 30 μg/mL。

附录 3

实验室用水

1. 实验用水的级别与规格

根据 GB/T 6682—2008《分析实验室用水规格和试验方法》的规定，分析实验室用水为无色透明液体，共分为三个级别：一级水、二级水和三级水。分析实验室用水的原水应为饮用水或适当纯度的水。

① 一级水用于有严格要求的分析试验，包括对颗粒有要求的实验，如高效液相色谱分析用水。一级水可用二级水经过石英设备蒸馏水或离子交换混合床处理后，再经 0.2 μm 微孔滤膜过滤来制取。

② 二级水用于无机痕量分析等试验，如原子吸收光谱分析用水。二级水可用多次蒸馏或离子交换等制取。

③ 三级水用于一般的化学分析试验。三级水可用蒸馏或离子交换的方法制取。

分析实验室用水的规格

名称	一级	二级	三级
pH 值范围（25 ℃）	—	—	5.0～7.5
电导率（25 ℃）/(mS/m)	≤0.01	≤0.10	≤0.50
可氧化物质含量（以 O 计）/(mg/L)	—	≤0.08	≤0.4
吸光度（254 nm，1 cm 光程）	≤0.001	≤0.01	—
蒸发残渣（105 ℃±2 ℃）含量/(mg/L)	—	≤1.0	≤2.0
可溶性硅（以 SiO_2 计）含量/(mg/L)	≤0.01	≤0.02	—

2. 贮存

各级用水均使用密封、专用聚乙烯容器；三级水也可使用密闭、专用的玻璃容器。各级用水在贮存期间，其沾污的主要来源是容器可溶成分的溶解、空气中二氧化碳和其他杂质。因此，一级水不可贮存，使用前制备。二级水、三级水可适量制备，分别贮存在预先经同级水清洗过的相应容器中。

3. 实验室常见水的种类

(1) 蒸馏水（distilled water）

蒸馏水是指经过蒸馏、冷凝操作的水，蒸二次的叫重蒸水，蒸三次的叫三蒸水。

① 一次蒸馏水：水经过一次蒸馏，不挥发的组分（盐类）残留在容器中被除去，挥发的组分（氨、二氧化碳、有机物）进入蒸馏水的初始馏分中，通常只收集馏分的中间部分，约占 60%。

② 多次蒸馏水：要得到更纯的水，可在一次蒸馏水中加入碱性高锰酸钾溶液，除去有机物和二氧化碳；加入非挥发性的酸（硫酸或磷酸），使氨成为不挥发的铵盐。由于玻璃中含有少量能溶于水的组分，因此进行二次或多次蒸馏时，要使用石英蒸馏器皿。

蒸馏水能去除自来水内大部分的污染物，但挥发性的杂质难以去除干净，如二氧化碳、氨以及一些有机物。新鲜的蒸馏水是无菌的，但储存后细菌易繁殖，因此建议不要长时间存放。

(2) 去离子水（deionized water）

去离子水是指除去了呈离子形式杂质后的纯水。国际标准化组织 ISO/TC 147 规定的"去离子"定义为："去离子水完全或不完全地去除离子物质。"应用离子交换树脂去除水中的阴离子和阳离子，但水中仍然存在可溶性的有机物，可以污染离子交换柱从而降低其功效。如今的工艺可包含 RO 反渗透、电去离子等技术。

如同蒸馏水一样，去离子水存放后也容易引起细菌的繁殖，应减少储存时间。

(3) 超纯水（ultrapure water）

超纯水又称 UP 水，是指电阻率达到 $18 \text{ M}\Omega \cdot \text{cm}$（25 ℃）的水。这种水中除了水分子外，几乎没有什么杂质，更没有细菌、病毒、含氯二噁英等有机物，当然也没有人体所需的矿物质微量元素，也就是几乎去除氧和氢以外所有原子的水。

超纯水容易被空气二次污染，即使储存，电阻率也下降得很快，建议现取现用。

附录 4

常见的市售酸碱的浓度

溶质	分子式	分子量	物质的量浓度/(mol/L)	质量浓度/(g/L)	质量分数/%	相对密度	配制1 mol/L溶液的加入量/mL
冰醋酸	CH₃COOH	60.05	17.40	1045	99.5	1.050	57.5
乙酸		60.05	6.27	376	36	1.045	159.5
甲酸	HCOOH	46.02	23.40	1080	90	1.200	42.7
盐酸	HCl	36.5	11.60	424	36	1.180	86.2
			2.90	105	10	1.050	344.8
硝酸	HNO₃	63.02	15.99	1008	71	1.420	62.5
			14.90	938	67	1.400	67.1
			13.30	837	61	1.370	75.2
高氯酸	HClO₄	100.5	11.65	1172	70	1.670	85.8
			9.20	923	60	1.540	108.7
磷酸	H₃PO₄	80.0	18.10	1445	85	1.700	55.2
硫酸	H₂SO₄	98.1	18.00	1776	96	1.840	55.6
氢氧化铵	NH₄OH	35.0	14.80	251	28	0.898	67.6
氢氧化钾	KOH	56.1	13.50	757	50	1.520	74.1
			1.94	109	10	1.090	515.5
氢氧化钠	NaOH	40.0	19.10	763	50	1.530	52.4
			2.75	111	10	1.110	363.4

附录 5

普通使用的抗生素溶液

抗生素	贮存液[①]		工作浓度	
	浓度	保存条件	严紧型质粒	松弛型质粒
氨苄西林	50 mg/mL（溶于水）	−20 ℃	20 μg/mL	60 μg/mL
羧苄西林	50 mg/mL（溶于水）	−20 ℃	20 μg/mL	60 μg/mL
氯霉素	34 mg/mL（溶于乙醇）	−20 ℃	25 μg/mL	170 μg/mL
卡那霉素	10 mg/mL（溶于水）	−20 ℃	10 μg/mL	50 μg/mL
链霉素	10 mg/mL（溶于水）	−20 ℃	10 μg/mL	50 μg/mL
四环素[②]	5 mg/mL（溶于乙醇）	−20 ℃	10 μg/mL	50 μg/mL

① 以水为溶剂的抗生素贮存液应用 0.22 μm 滤器过滤除菌。

② 以乙醇为溶剂的抗生素溶液无须除菌处理。所有抗生素溶液均应放于不透光的容器保存。

注：镁离子是四环素的拮抗剂，四环素抗性菌的筛选应使用不含镁盐的培养基（如 LB 培养基）。

附录6

实验室安全

一、实验室安全要求

（1）禁止将食物带入实验室，禁止在实验室饮食。

（2）进入实验室，请穿实验服。

（3）强酸、强碱或强腐蚀性药品应用时，要加强防护（眼镜、口罩、手套），倾倒取液时慢中求稳，不要洒溅出来。

（4）对于挥发性无机溶剂（如乙酸、氨水）以及毒性挥发性有机溶剂（如甲苯、β-巯基乙醇）等，请在通风橱内操作。

（5）使用有毒药品时，既要做好自我防护，又要防止实验室污染。

（6）丙烯酰胺具有神经毒性，低挥发性，在做蛋白质垂直电泳时，操作者需戴手套，取液后立即盖好盖子。

（7）紫外光对眼睛和皮肤有损伤作用，实验中应注意，不要直接观察，做好眼睛和面部防护。

二、国际化学品安全卡

1. 简介

国际化学品安全卡是联合国环境规划署（UNEP）、国际劳工组织（ILO）和世界卫生组织（WHO）的合作机构国际化学品安全规划署（IPCS）与欧洲联盟委员会（EU）合作编排的一套具有国际权威性和指导性的化学品安全信息卡片。

国际化学品安全卡（ICSC）共设有化学品标识、危害/接触类型、急性危害/症状、预防、急救/消防、泄漏处理、包装与标志、应急响应、存储、重要数据、物理性质、环境数据、注解和附加资料等项目。

2. 查询网址

国际化学品安全卡（中文版）http://icsc.brici.ac.cn/

国际化学品安全卡（中文版）
INTERNATIONAL CHEMICAL SAFETY CARDS

3. 查询方法

- 化学品安全卡编号：4 位整数编号。
- 物质名称（中文）：输入中文名（支持模糊查询）
- 物质名称（英文）：输入英文名（支持模糊查询）
- CAS 登记号：例如物质氢为 1333-74-0
- 中国危险货物编号：4 位整数编号
- UN 编号：4 位整数编号

三、化学品安全技术说明书

1. 简介

化学品安全技术说明书（safety data sheet for chemical products，SDS）提供了化学品（物质或混合物）在安全、健康和环境保护等方面的信息，推荐了防护措施和紧急情况下的应对措施。在一些国家，化学品安全技术说明书又被称为物质安全技术说明书（material safety data sheet，MSDS）。

2. 查询网址

✧ Chemical book
https://www.chemicalbook.com/

◇ Merck 公司

https://www.sigmaaldrich.cn/CN/zh

3. 参考资料

GB/T 16483—2008《化学品安全技术说明书　内容和项目顺序》

四、实验相关危险化学品 ICSC 或 SDS

CAS	品名	ICSC 或 SDS
64-19-7	乙酸（冰醋酸）	
67-56-1	甲醇	
7664-93-9	硫酸	
67-66-3	三氯甲烷（氯仿）	
75-65-0	叔丁醇	

CAS	品名	ICSC 或 SDS
7647-01-0	氯化氢	
64-17-5	乙醇（无水）	
123-51-3	异戊醇	
71-36-3	1-丁醇	
7758-05-6	碘酸钾	
1310-73-2	氢氧化钠	
75-09-2	二氯甲烷	
121-44-8	三乙胺	
107-15-3	乙二胺	

五、危险化学品管理

1.《危险化学品安全管理条例》

2002 年 1 月 26 日中华人民共和国国务院令第 344 号公布

2011 年 2 月 16 日国务院第 144 次常务会议修订通过

根据 2013 年 12 月 7 日《国务院关于修改部分行政法规的决定》修订

2.《易制爆危险化学品治安管理办法》

2019 年 7 月 6 日公安部令第 154 号发布，自 2019 年 8 月 10 日起施行

3.《易制毒化学品管理条例》

2005 年 8 月 26 日中华人民共和国国务院令第 445 号公布

根据 2014 年 7 月 29 日《国务院关于修改部分行政法规的决定》第一次修订

根据 2016 年 2 月 6 日《国务院关于修改部分行政法规的决定》第二次修订

根据 2018 年 9 月 18 日《国务院关于修改部分行政法规的决定》第三次修订

4.《危险化学品目录（2022 调整版）》

《危险化学品目录》由国务院安全生产监督管理部门会同国务院工业和信息化、公安、环境保护、卫生、质量监督检验检疫、交通运输、铁路、民用航空、农业主管部门，根据化学品危险特性的鉴别和分类标准确定、公布，并适时调整。

5.《易制爆危险化学品名录》（2017 年版）

根据《危险化学品安全管理条例》（国务院令第 591 号）第二十三条规定，公安部编制了《易制爆危险化学品名录》（2017 年版）。

6.《易制毒化学品的分类和品种目录》

参见《易制毒化学品管理条例》附表。

危险化学品管理阅读资料

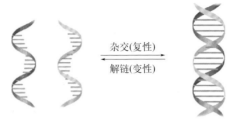

图 1-2　DNA 杂交与解链示意图

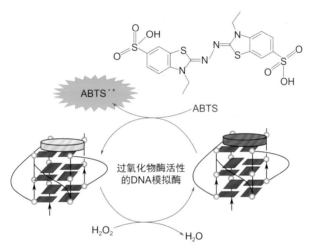

图 1-9　G-四链体-hemin 复合物催化 ABTS 与 H_2O_2 反应

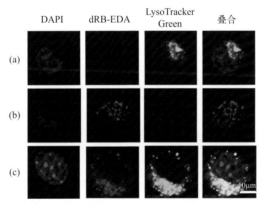

图 2-6　利用激光共聚焦成像评估探针 dRB-EDA 对 L929 细胞溶酶体的染色效果

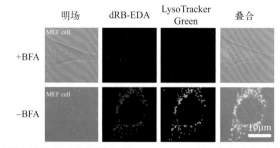

图 2-7　利用激光共聚焦成像评估探针 dRB-EDA 对细胞溶酶体染色的 pH 依赖性

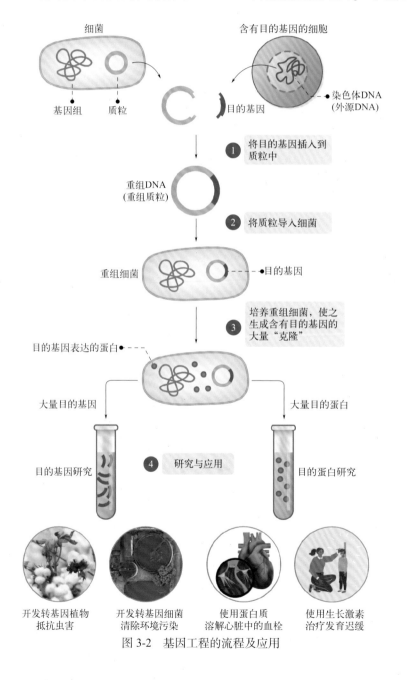

图 3-2　基因工程的流程及应用

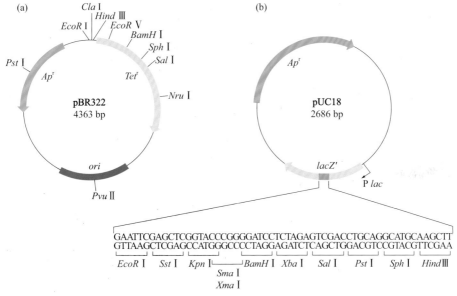

GAATTCGAGCTCGGTACCCGGGGATCCTCTAGAGTCGACCTGCAGGCATGCAAGCTT
GTTAAGCTCGAGCCATGGGCCCCTAGGAGATCTCAGCTGGACGTCCGTACGTTCGAA

EcoR I   *Sst* I   *Kpn* I   *BamH* I   *Xba* I   *Sal* I   *Pst* I   *Sph* I   *Hind* Ⅲ

Sma I
Xma I

图 3-4 两种经典的克隆载体

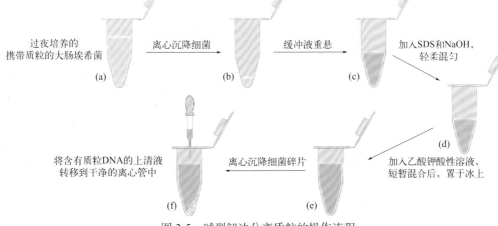

图 3-5 碱裂解法分离质粒的操作流程

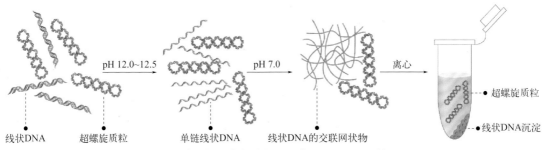

图 3-6 碱裂解法分离质粒和细菌基因组 DNA 的原理

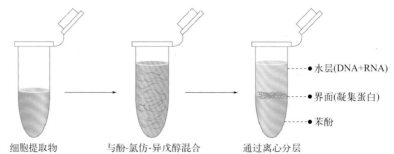

图 3-7　通过酚-氯仿-异戊醇去除蛋白质杂质的流程

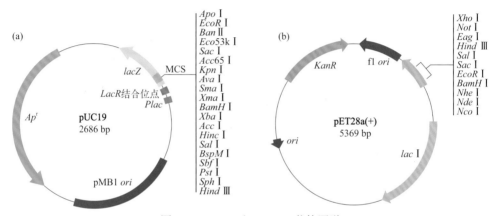

图 3-9　pUC19 和 pET28a 载体图谱

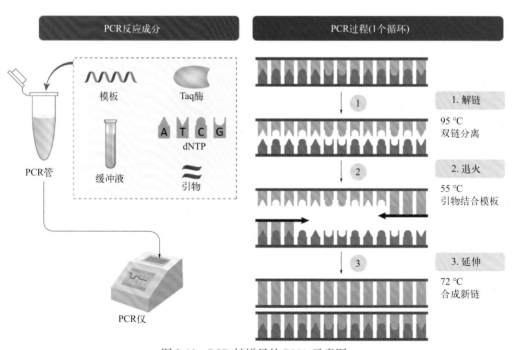

图 3-10　PCR 扩增目的 DNA 示意图

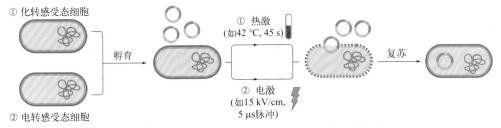

① 化转感受态细胞

② 电转感受态细胞

孵育

① 热激
(如42 ℃, 45 s)

② 电激
(如15 kV/cm,
5 μs脉冲)

复苏

图 3-12　感受态细菌细胞对质粒 DNA 的结合和吸收

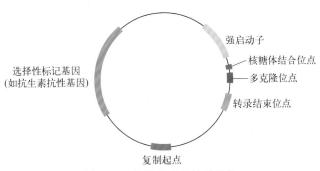

选择性标记基因
(如抗生素抗性基因)

强启动子

核糖体结合位点

多克隆位点

转录结束位点

复制起点

图 3-13　常见表达载体的结构

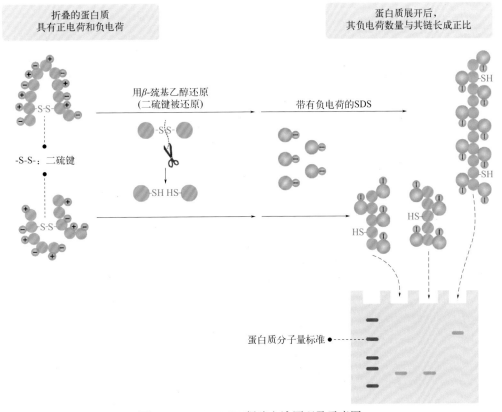

折叠的蛋白质
具有正电荷和负电荷

蛋白质展开后，
其负电荷数量与其链长成正比

用β-硫基乙醇还原
(二硫键被还原)

带有负电荷的SDS

-S-S-：二硫键

蛋白质分子量标准

图 3-14　SDS-PAGE 凝胶电泳原理及示意图

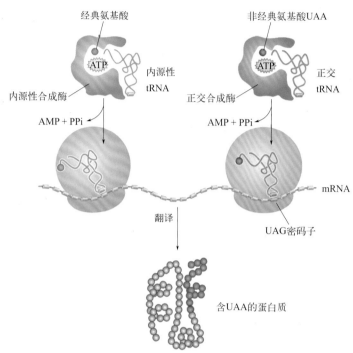

图 4-1   蛋白质中插入经典氨基酸和非经典氨基酸的生物过程

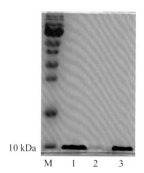

图 4-5   荧光 SDS-PAGE 分析 HdeA-UAA
与荧光分子的链接

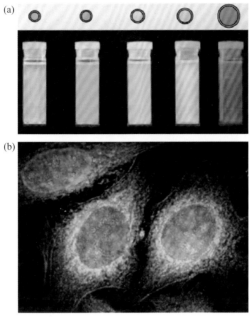

图 5-5　5 种颜色的量子点偶联物的多色免疫标记（*Nano Today*, **2009**, 4(1): 37-51.）

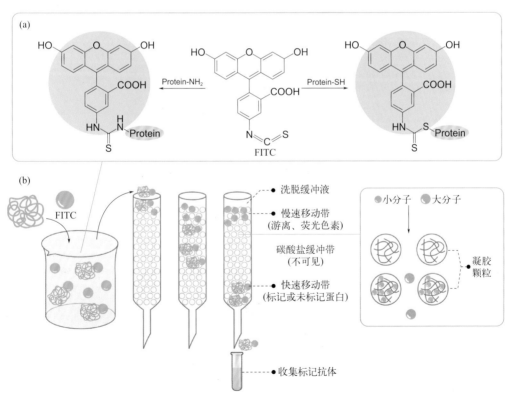

图 5-6　凝胶过滤法纯化 FITC 标记蛋白质原理图

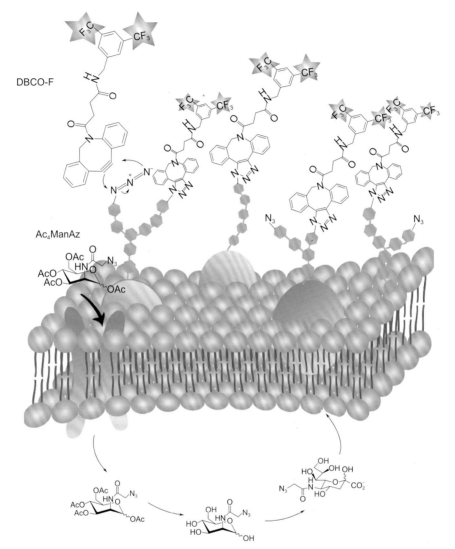

图 6-4 Ac₄ManAz 与 DBCO-F 的化学结构式及其生物正交代谢氟标记过程

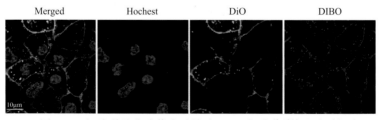

图 6-5 细胞共聚焦成像实验检验 A549 细胞代谢标记机制